"十四五"职业教育国家规划教材

高等职业院校技能应用型教材·计算机应用系列

用微课学计算机组装与维护项目化教程

李春辉　王海峰　孟祥丽　主编

王立伟　赵　锴　副主编

电子工业出版社

Publishing House of Electronics Industry

北京·BEIJING

内 容 简 介

本书根据高等职业院校计算机类专业人才培养方案及相关课程内容的要求，从计算机组装与维护的实际应用出发，按照"项目导向，任务驱动"的教学改革思路编写。本书是一本基于工作过程导向的工学结合的高等职业教育层次的专业课教材。本书以通俗易懂的语言、翔实生动的案例全面介绍了计算机组装与维护的操作方法和技巧。本书共有9个项目，包括选配计算机、组装台式计算机、设置BIOS、制作启动U盘、磁盘分区、安装操作系统、安装常用软件、计算机安全防护、计算机故障诊断。

本书配有丰富的教学资源，读者可以登录华信教育资源网（www.hxedu.com.cn）免费注册后下载。书中的二维码涉及拓展阅读资料及微课视频，可供读者随时扫码学习。

本书既可以作为高等职业院校计算机类专业"计算机组装与维护"课程的配套教材，也可以作为各类社会培训机构的辅导教材，还可以供相关爱好者选用参考。

图书在版编目（CIP）数据

用微课学计算机组装与维护项目化教程/李春辉，王海峰，孟祥丽主编. —北京：电子工业出版社，2021.3
ISBN 978-7-121-40873-1

Ⅰ．①用… Ⅱ．①李… ②王… ③孟… Ⅲ．①电子计算机－组装－高等职业教育－教材 ②计算机维护－高等职业教育－教材 Ⅳ．①TP30

中国版本图书馆 CIP 数据核字（2021）第 055307 号

责任编辑：薛华强
印　　刷：大厂回族自治县聚鑫印刷有限责任公司
装　　订：大厂回族自治县聚鑫印刷有限责任公司
出版发行：电子工业出版社
　　　　　北京市海淀区万寿路 173 信箱　　邮编：100036
开　　本：787×1 092　1/16　印张：14.75　字数：436.2 千字
版　　次：2021 年 3 月第 1 版
印　　次：2024 年 7 月第 7 次印刷
定　　价：49.00 元

凡所购买电子工业出版社图书有缺损问题，请向购书店调换。若书店售缺，请与本社发行部联系，联系及邮购电话：（010）88254888，88258888。

质量投诉请发邮件至 zlts@phei.com.cn，盗版侵权举报请发邮件至 dbqq@phei.com.cn。

本书咨询联系方式：（010）88254569，xuehq@phei.com.cn，QQ1140210769。

前　　言

本书在编写过程中，充分考虑了"计算机组装与维护"课程的课程标准和编写要求，从计算机组装与维护人员的实际工作出发，针对计算机软、硬件维护的实际需求，注重内容的先进性和实用性，结合编者多年来的计算机选购、维护、管理等方面的教学实践经验，收录了大量先进的管理思想和实用技术。

本书充分学习贯彻党的二十大精神，强化现代化建设人才支撑。本书秉持"尊重劳动、尊重知识、尊重人才、尊重创造"的思想，以人才岗位需求为目标，突出知识与技能的有机融合，让学生在学习过程中举一反三，创新思维，以适应高等职业教育人才建设需求。

本书以培养高素质的应用型计算机组装与维护人才为目标，结合实际应用和管理的需求，力争在夯实专业基础知识的同时，培养学生的应用技能，促进学生提升综合素质，使学生成为基础扎实、知识面广、实践能力强的实用型、工程化的 IT 职业人才。

本书以职业能力为核心，将"以职业标准为依据，以企业需求为导向，以职业能力为核心"的理念贯穿始终。本书依据国家职业标准，结合企业的实际需求，紧扣岗位的工作特色，突出新知识、新技术、新工艺、新方法。本书注重学生职业能力的培养，凡是岗位目标中要求掌握的知识和技能，本书均详细讲解。

本书既满足课堂教学，又服务于职业培训和技能鉴定。根据实际需求，力求体现职业培训的规律，反映技能鉴定的基本考核要求，满足培训对象参加鉴定考试的需要。

本书在编写过程中，力求突出以下特点。

（1）紧扣国家职业标准。

国家职业标准源于生产一线，源于工作过程，具有以职业活动为导向、以职业能力为核心的特点。目前，我国正在积极推行职业院校"双证书"制度，要求职业院校毕业生在取得学历证书的同时应获得相应的职业资格证书。本书依据计算机操作员应具备的基本职业能力进行编写，突出职业特点和岗位特色。

（2）工学结合，以工作过程为导向。

本书集任务教学与项目实训于一体，按照"知识目标→技能目标→思政目标→任务描述→任务分析→任务知识必备→任务实施→任务拓展"的逻辑关系组织内容。本书所有的项目基于常见的计算机组装与维护工作情境，实用性强。所有项目均出自编者的工作项目和教学案例，能有效地培养学生分析问题、解决问题的能力。

（3）紧跟行业技术发展。

本书力求紧密结合当前的主流技术和新技术，邀请了具有丰富实践经验的企业人员参与编写，从而加强与企业的联系，使书中的内容紧跟行业技术发展。

本书包含 9 个项目：项目 1 为选配计算机，项目 2 为组装台式计算机，项目 3 为设置 BIOS，项目 4 为制作启动 U 盘，项目 5 为磁盘分区，项目 6 为安装操作系统，项目 7 为安装常用软件，项目 8 为计算机安全防护，项目 9 为计算机故障诊断。每个项目都配有相应的项目实训。学习本书后，读者既掌握了相关知识，又培养了一定的实践技能。

本书的教学内容建议按 60 学时进行组织。其中，第 1 章安排 6 学时，第 2 章安排 4 学时，第 3 章安排 6 学时，第 4 章安排 6 学时，第 5 章安排 6 学时，第 6 章安排 10 学时，第 7 章安排 6 学时，第 8 章安排 10 学时，第 9 章安排 6 学时。

建议读者在学习过程中遵循以下两点要求。

（1）动手操作，手脑并用。读者在学习本书内容时，应采取"做中学""学中做"的学习方法，在教师的指导下，多动手、多思考、多分析。

（2）归纳总结，举一反三。在学习过程中，读者要善于归纳和总结，使所学的知识构成知识链，同时要善于总结操作过程中的操作要领和规律，做到融会贯通，举一反三。

本书由德州职业技术学院计算机组装与维护教学团队的李春辉、王海峰、孟祥丽担任主编，王立伟、赵锴担任副主编。

本书是校企双元合作开发的职业教育教材，在编写过程中，得到了行业专家德州恒昌计算机有限公司张林海高级工程师和德州嘉信伟业电脑维修部张洪敏高级工程师的支持，他们对本书项目的选择和提炼进行了具体的指导，在此向他们表示衷心感谢！

本书在编写过程中参考了许多国内外文献，由于篇幅有限，未能逐一列举，敬请谅解。在此对所引用参考文献的各位作者致以诚挚的谢意！

由于时间仓促和编者水平有限，书中难免有不妥之处，敬请各位读者批评指正。意见和建议请发送至编者的电子邮箱 156387587@qq.com，我们将不胜感激。

编　者

目　录

项目 1

选配计算机

计算机是由一系列性能参数和接口相互匹配的标准配件及设备构成的。熟悉计算机配件的性能参数、技术指标、型号、种类、购买途径及使用环境，对计算机的合理选配，以及稳定使用、维护有着重要的意义。

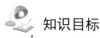

知识目标

理解计算机主要配件的参数和功能。
理解计算机不同配件之间的匹配接口。
理解计算机主要配件的参数及参数之间的关系。

技能目标

自主选配组装台式计算机。
自主选配品牌台式计算机。
自主选配笔记本电脑。

思政目标

认识当代大学生的历史使命，树立学好本课程的信心和信念。

本项目要求在规定时间内采用团队模式完成，通过项目提高学生的专业技术水平、锻炼团队协作能力和沟通能力、增强团队意识。

通过讲解计算机硬件的国产化进程，激发学生的爱国情怀，并鼓励学生自觉学习科学知识，追求真理，练就精湛技术。

任务 1.1　选配组装台式计算机

任务描述

你的朋友小明是一名游戏和影视爱好者，委托你设计一套性能优良、价格合理的台式计算机选配方案，要求使用 Intel 酷睿 i5 六核 CPU，集成声卡、网卡、PCI-E 3.0 16X 显卡插槽的技嘉主板，双通道 2×8GB 内存，500GB 固态硬盘，2T SATA3.0 接口硬盘，影驰 PCI-E 3.0 16X 接口 4GB 显存的独立显卡，三星 27 英寸宽屏 LCD 显示器，品牌机箱，电源，罗技 USB 接口键盘，鼠标，漫步者音箱，配套线缆。

任务分析

首先，确定 Intel 酷睿 i5 六核 CPU 的具体型号，确定支持的内存类型和频率、支持的显卡类型和频率、CPU 接口类型；然后，确定技嘉主板型号，应集成声卡、网卡、PCI-E 3.0 16X 插槽，不集成显卡；最后，选择内存、硬盘、显卡、机箱、电源、显示器、键盘、鼠标、音箱、光驱等设备。

任务知识必备

1.1.1　CPU

1. CPU 发展概述

CPU（Central Processing Unit）即中央处理器，是计算机系统的核心。它负责整个系统指令的执行、数学运算、逻辑运算及输入、输出控制。CPU 有品牌、性能、技术差异，目前，生产CPU 的公司主要有 Intel 公司和 AMD 公司。

CPU 按处理信息的字长可分为 4 位微处理器、8 位微处理器、16 位微处理器、32 位微处理器和 64 位微处理器，目前，64 位微处理器是主流微处理器。如今，由 CPU 直接控制的设备越来越多，有些 CPU 同时集成了显卡和内存控制器。

拓展阅读资料

CPU 的发展史

1971 年，Intel 公司推出世界上第一款 4 位微处理器 4004，这也是第一款可用于微型计算机的 4 位微处理器。它集成了 2300 个晶体管，如图 1-1-1 所示。

1974 年，Intel 公司推出 8 位微处理器 8008，如图 1-1-2 所示。

1978 年，Intel 公司推出 16 位微处理器 8086，这款微处理器创造了商业奇迹，并确立了80x86 系列的地位，如图 1-1-3 所示。

图 1-1-1　微处理器 4004　　　　图 1-1-2　微处理器 8008　　　　图 1-1-3　微处理器 8086

1980 年，Intel 公司推出可以广泛用于个人计算机的微处理器 80286，如图 1-1-4 所示。

1985 年，Intel 公司推出 32 位微处理器 80386，如图 1-1-5 所示。

1989 年，Intel 公司推出首款采用精简指令集（RISC）的 32 位微处理器 80486，如图 1-1-6所示。

图 1-1-4　微处理器 80286　　　　图 1-1-5　微处理器 80386　　　　图 1-1-6　微处理器 80486

1993 年，Intel 公司推出第一款与数字命名无关的 32 位微处理器 Pentium，如图 1-1-7 所示。

1996 年，Intel 公司推出 32 位微处理器 Pentium MMX，如图 1-1-8 所示。

1995 年，Intel 公司推出首款服务器专用微处理器 Pentium Pro，如图 1-1-9 所示。

图 1-1-7　微处理器 Pentium　　　图 1-1-8　微处理器 Pentium MMX　　图 1-1-9　微处理器 Pentium Pro

1997 年，Intel 公司推出微处理器 Pentium Ⅱ，如图 1-1-10 所示。

1998 年，Intel 公司推出服务器专用微处理器 Xeon，如图 1-1-11 所示。

1999 年，Intel 公司推出面向低端市场的微处理器 Celeron（赛扬），如图 1-1-12 所示；面向中端市场的微处理器 Pentium Ⅲ，如图 1-1-13 所示；面向服务器市场的微处理器 Pentium Ⅲ Xeon，如图 1-1-14 所示。

图 1-1-10　微处理器 Pentium Ⅱ　　　图 1-1-11　微处理器 Xeon　　　图 1-1-12　微处理器 Celeron

2000 年，Intel 公司推出面向低端市场的微处理器 Celeron 4，如图 1-1-15 所示；面向中端市场的微处理器 Pentium 4，如图 1-1-16 所示；面向工作站的微处理器 Pentium 4 Xeon，如图 1-1-17 所示；面向专用服务器的微处理器 Xeon MP，如图 1-1-18 所示。

图 1-1-13　微处理器 Pentium Ⅲ　　图 1-1-14　微处理器 Pentium Ⅲ Xeon　　图 1-1-15　微处理器 Celeron 4

图 1-1-16　微处理器 Pentium 4　　图 1-1-17　微处理器 Pentium 4 Xeon　　图 1-1-18　微处理器 Xeon MP

2001 年，Intel 公司推出面向服务器的 64 位微处理器 Itanium 和 Itanium 2，如图 1-1-19 和图 1-1-20 所示。

如今，CPU 进入多核心、多线程时代。CPU 通过睿频技术智能超频/降频。2006 年，双核微处理器面世，如图 1-1-21 所示；2007 年，四核微处理器面世，如图 1-1-22 所示；2010 年，六核微处理器面世，如图 1-1-23 所示；2011 年，八核微处理器面世，如图 1-1-24 所示。

图 1-1-19　微处理器 Itanium

图 1-1-20　微处理器 Itanium 2

图 1-1-21　双核微处理器

图 1-1-22　四核微处理器

图 1-1-23　六核微处理器

图 1-1-24　八核微处理器

2010 年 1 月 8 日，Intel 公司在北京举行"以智变，应万变——2010 全新 Intel 酷睿，开启智能新纪元"发布会。Intel 公司正式面向全球发布革命性产品——基于全新的 32nm 制程工艺的 i7、i5、i3 微处理器。酷睿家族中 Westmere 核心的 i5 和 i3 微处理器采用了 Clarkdale 架构，该架构是经典架构 Nehelem 的延续，具备了睿频加速技术、超线程技术、增强型 Intel 智能高速缓存与控制器等多项技术。

酷睿 i7 及酷睿 i5-700 系列微处理器均采用了原生四核设计。通过对超线程技术的支持程度来划分产品的定位。同时还将三级缓存引入其中。其 L1 缓存的设计与酷睿微架构相同，而 L2 缓存则采用超低延迟的设计，而容量却大大降低，每个内核仅有 256KB，新加入的 L3 缓存采用共享式设计。LGA1156 接口的酷睿 i7 和 i5 微处理器与 LGA1366 接口的酷睿 i7 系列微处理器相同，均配备了 8MB 的三级缓存。而新酷睿家族中的酷睿 i5-600 系列微处理器与酷睿 i3 系列微处理器则采用了原生双核设计，通过睿频加速技术的支持程度来划分产品的定位。

与之前的芯片相比，Intel 公司研发的 32nm 制程工艺的芯片增加了图形处理功能，实现了 CPU 与 GPU 的整合，历史性地将显示核心和 CPU 封装到了一起；不仅提高了计算机的兼容性和稳定性，而且令高清电影播放流畅，画面栩栩如生；此外，游戏运行效率也会高于以往。

新酷睿产品相比于之前的酷睿产品，最大的区别是制程工艺上的改进，即从 45nm 过渡到 32nm，芯片性能提升约 50%。酷睿 i7 和 i5 微处理器都拥有独特的 Intel 睿频加速技术，能够根据工作负载动态、智能地调节频率和性能。当工作量较大时，能按需提升频率、自动加速，从而自如应对用户在工作、娱乐、生活中的各种需求。Intel 超线程技术则用于酷睿 i7、i5、i3 微处理器，通过让每个内核同时运行双重任务，实现高效、智能的多任务处理功能，从而呈现令人惊叹的响应速度与性能；在同步进行多任务处理的同时，还与业内领先的能效表现形成完美的平衡。

第六代智能 Intel 酷睿微处理器基于新的 Sky Lake 架构，该架构采用了 Intel 领先的 14nm 制程工艺。与平均使用时间为五年的旧计算机相比，该微处理器可以帮助计算机提升 2.5 倍的性能、3 倍的电池续航时间及 30 倍的图形处理性能，唤醒时间更短。

第六代智能 Intel 酷睿微处理器优化了诸如 Windows Cortana 和 Windows Hello 等一系列 Windows 10 中的功能，从而实现了无缝、自然的人机交互操作。采用 Intel 实感技术和 Windows Hello 功能，可以让用户通过脸部识别安全登录系统。

2019 年 5 月，Intel 公司正式发布了第 10 代酷睿微处理器。采用 10nm 制程工艺、Ice Lake 架构的微处理器使用全新的 GPU 及 AI 架构，IPC 性能提升 18%，游戏性能提升 100%，AI 性能提升 150%。

2．CPU 性能参数

拓展阅读资料

CPU 的性能参数

微课视频

CPU 的性能参数

（1）主频：CPU 的时钟频率，单位是 MHz 或 GHz。它是衡量 CPU 性能的重要指标之一。一般而言，主频越高，在一个时钟周期内完成的指令越多，CPU 运算速率越快；外频是 CPU 与周边设备进行数据交换的频率，是 CPU 与主板之间同步运行的速率，CPU 的主频=外频×倍频。

（2）睿频：当启动一个程序后，处理器会自动加速到合适的频率，使运行速率提升 10%~20%，以保证程序流畅运行。简而言之，这是 CPU 的一种自动超频/降频技术。Intel 的睿频技术叫作 TB（Turbo Boost），AMD 的睿频技术叫作 TC（Turbo Core）。

（3）前端总线（FSB）：前端总线直接影响 CPU 和内存之间的数据交换速率，由于数据传输最大带宽取决于所有同时传输的数据的宽度和传输频率，即数据带宽=（总线频率×数据位宽）/8。

（4）高速缓存（Cache）：高速缓存分为一级缓存（L1 Cache）、二级缓存（L2 Cache）、三级缓存（L3 Cache）。L2 Cache 和 L3 Cache 用于弥补 L1 Cache 容量的不足，从而最大限度地减少内存对 CPU 运行速率的延缓。它们与 CPU 同步工作，对 CPU 的实际工作性能影响巨大。

（5）核心数量：目前有单核、双核、四核、六核、八核等。多核心技术最先由 Intel 公司提出；但是，AMD 公司将该技术最先应用于个人计算机。同等频率下，多核心 CPU 比单核心 CPU 性能卓越。

（6）制程工艺：使用硅材料生产 CPU 时，内部各元器件之间的连接线宽度，用微米（μm）表示。制程工艺越先进，连接线越细，CPU 内部功耗和发热量越小。在同等面积的材料中可以集成更多的电子元器件，使单位面积的集成度大幅提高，目前 CPU 的制程工艺已经达到 0.014μm，即 14nm。

（7）字长：CPU 每次处理二进制数据的宽度，单位是位。目前有 32 位 CPU 和 64 位 CPU，从技术角度讲，CPU 需要与匹配的操作系统、应用软件协同工作才能充分发挥其性能。如今，Windows 和 Linux 都有不同版本的 32 位和 64 位操作系统，但部分应用软件只能在 32 位操作系统中运行。

1.1.2　主板

1. 主板品牌

主板的主流品牌有华硕（ASUS）、技嘉（GIGABYTE）、微星（MSI）、映泰（BIOSTAR）、华擎（ASROCK）、磐正（SUPoX）、七彩虹（Colorful）、英特尔（Intel）、昂达（ONDA）、梅捷（SOYO）、铭瑄等。

2. 性能参数

拓展阅读资料

主板的性能参数

微课视频

认识主板

（1）主板接口：IDE 接口、SATA 接口、M.2 接口、电源接口等。

（2）主板插座：CPU 插座、电源插座、前置面板插座等。

（3）主板插槽：内存插槽、AGP 显卡插槽（已淘汰）、PCI 插槽、PCI-E 插槽。

（4）主板芯片组：CPU 通过主板芯片组对主板中的各配件进行控制，主板芯片组由北桥芯片和南桥芯片组成；北桥芯片也被称为主桥，提供对 CPU 类型、主频、内存类型和容量、PCI/AGP/PCI-E、ECC 纠错的支持。北桥芯片起主导作用，与北桥芯片连接的都是高速设备；南桥芯片提供对 KBC（键盘控制器）、RTC（实时时钟控制器）、USB（通用串行总线）、I/O（输入输出）、ACPI（高级电源管理）的支持。与南桥芯片连接的都是低速设备；目前两大主流的主板芯片组是 Intel 和 AMD。此外，还有 NVIDIA、ATI、SIS、VIA、ServerWorks、ULi 等。

（5）主板外部接口：传输模拟信号的 VGA 接口、传输数字信号的 DVI/HDMI/DP 接口（其中，VGA 接口和 DVI 接口只能传输画面，而 HDMI 接口和 DP 接口可以传输声音）、PS/2 键盘及鼠标接口、音频输入输出接口、USB 接口（黑色 USB2.0 接口和蓝色 USB3.0 接口，红色 USB3.1 接口）、RJ45 网络接口等。

（6）主板集成设备：集成显卡、声卡、网卡等。

1.1.3　内存

1. 主流品牌

内存的主流品牌有金士顿、威刚、现代、海盗船、宇瞻、影驰、科赋、紫光、三星等。

2. 性能参数

拓展阅读资料

内存的性能参数

微课视频

认识内存

（1）容量：内存的单位有 B、KB、MB、GB 等，目前常见的单条内存有 1GB、2GB、4GB、8GB、16GB 等。

（2）时钟频率：以 MHz 为单位，对内存时钟频率的支持是由主板芯片组和 CPU 内存控制器共同决定的。

（3）内存位宽：内存每次读写数据的位数，单位为 bit（比特）。

（4）存取时间：内存存取时间以 ns（纳秒）为单位，SDRAM 存取时间可分为 5ns、6ns、7ns、8ns、10ns，DDR SDRAM 存取时间可分为 2ns、3ns、4ns、5ns。

（5）工作电压：SDRAM 的工作电压为 3.3V，DDR SDRAM 的工作电压为 2.5V，DDR2 SDRAM 的工作电压为 1.8V，DDR3 SDRAM 的工作电压为 1.5V，DDR4 SDRAM 的工作电压为 1.2V（DDR4 3000 及以上版本的工作电压为 1.35V）。

（6）内存类型：常见的内存类型有 SDRAM、DDR、DDR2、DDR3、DDR4 等。用户应根据主板和 CPU 的情况确定内存类型。

1.1.4　硬盘

1．主流品牌

硬盘的主流品牌有希捷（Seagate）、西部数据（WD）、日立（Hitachi）、东芝（TOSHIBA）等。

2．性能参数

拓展阅读资料

硬盘的性能参数

微课视频

认识硬盘

（1）接口类型：IDE 接口、SATA 接口、SCSI 接口。

（2）硬盘转速：从理论上讲，转速越快，硬盘的读取速率越快。但是，硬盘提升转速会产生噪声和热量，因此硬盘的转速设计是有限制的。

（3）硬盘缓存：硬盘内部的高速存储器，用于提高硬盘的数据读写能力，常见的硬盘缓存容量有 32MB、64MB、128MB 等。

（4）单碟容量：硬盘的盘片有正、反两个存储面，两个存储面的容量之和就是硬盘的单碟容量。一般情况下，盘面越光滑，表面磁性物质越好，磁头技术越先进，单碟容量越大，目前，单碟容量能够达到 1TB。

（5）固态硬盘（Solid State Disk）：用固态电子存储芯片阵列制成的硬盘，由控制单元和存储单元（FLASH 芯片、DRAM 芯片）组成。固态硬盘的接口规范和定义、功能及使用方法与普通硬盘基本相同，但其产品外形和尺寸与普通硬盘有所差别。基于闪存的固态硬盘是固态硬盘的主要类型，其内部是一块 PCB 板，而这块 PCB 板上最基本的配件就是控制芯片、缓存芯片（部分低端硬盘无缓存芯片）和用于存储数据的闪存芯片。由于不需要普通的机械结构，固态硬盘读写速率快，持续读写速率超过了 500MB/s。其特点是低功耗、无噪音、抗震动、低热量、体积小、工作温度范围大，但价格高。固态硬盘的接口类型有六种：SATA、mSATA、M.2、SATA Express、PCI-E 及 U.2。下面对部分接口类型进行介绍。

① SATA 接口是硬盘接口中的老大哥。SATA 是 Serial ATA 的缩写，即串行 ATA。SATA 接口主要用于主板和大容量存储设备，如硬盘或光驱等设备之间的数据传输。SATA 1.0 标准的传输速率可达到 1.5Gbit/s，SATA 2.0 标准的传输速率可达到 3Gbit/s，现在广泛应用的 SATA 3.0 标准的传输速率可达到 6Gbit/s。

② mSATA 接口符合 SATA 国际组织（Serial ATA International Organization）发布的 mini-SATA（mSATA）接口控制器的产品规范，新的控制器可以让 SATA 接口技术整合在小尺寸的装

置上。同时 mSATA 接口提供与 SATA 接口一样的传输速率和可靠性，所以 mSATA 接口的传输速率也分为 1.5Gbit/s、3Gbit/s 和 6Gbit/s。

　　③ Intel 公司推出 M.2 接口，用于替代 mSATA 接口。M.2 接口的固态硬盘宽度为 22mm，单面厚度为 2.75mm，双面闪存布局厚度不超过 3.85mm，但 M.2 接口具有丰富的可扩展性，最长可以达到 110mm，从而提高 SSD 容量。M.2 与 mSATA 类似，采用这两种接口的固态硬盘均不带金属外壳，常见的规格有 2242、2260、2280，这三种规格的固态硬盘宽度均为 22mm，但长度各不相同。M.2 接口也有两种规格，分别是 Socket2 和 Socket3，Socket 2 支持 SATA、PCI-E X2 通道的 SSD，Socket 3 专为高性能存储设计，支持 PCI-E X4。如今的 M.2 接口全面转向 PCI-E 3.0 X4 通道，其理论传输速率达到了 32Gbit/s，传输速率有了明显的提高，这也让 SSD 的性能大幅提升。

　　④ 当传输速率达到 6 Gbit/s 后，SATA 接口若想继续提高传输速率，其实很困难了，而 SAS 接口却可以将传输速率提高到 12Gbit/s，但这种行为是针对企业级市场开展的，需要对原接口进行很大的修改，而且企业级市场对成本并不敏感。但是，消费级市场就不一样，要考虑现实情况。为此，SATA 国际组织发布了新一代 SATA 接口的产品规范，即 SATA Express，也就是我们所说的 SATA-E 接口。

　　⑤ U.2（SFF-8639）接口符合固态硬盘形态工作组织（SSD Form Factor Work Group）发布的接口产品规范。U.2 接口不仅支持 SATA Express 接口，还兼容 SAS、SATA 等接口。所以，可以简单地认为 U.2 接口是四通道版本的 SATA Express 接口，其理论传输速率可达到 32 Gbit/s，与 M.2 接口的传输速率相同。

1.1.5　显卡

1．主流品牌

显卡的主流品牌有索泰（ZOTAC）、影驰、蓝宝石、华硕、技嘉、七彩虹、昂达、铭瑄等。

2．性能参数

拓展阅读资料

显卡的性能参数

微课视频

认识显卡

　　（1）显卡芯片：用于图形处理的芯片被称为 GPU，主流品牌有 NVIDIA 和 ATI。

　　（2）显卡芯片的频率和位宽：显卡芯片频率指 GPU 的工作频率，位宽指 GPU 每次读写二进制数据的位数。显卡芯片频率越高、位宽越长、显卡性能越强。

　　（3）显存频率、类型和位宽：显存频率指显存的工作频率，常见的类型有 GDDR2、GDDR3、GDDR5 等，位宽指显存每次读写二进制数据的位数。显存频率越高、位宽越长、显卡性能越强。

1.1.6　光驱

1．概述

　　光存储设备又被称为光盘存储器，简称光驱，按照读取或写入光盘的类型可以将光驱分为 CD-ROM、DVD-ROM、CD-RW、DVD-RW、COMBO、RAMBO、蓝光刻录机等。

（1）CD-ROM：能读取 CD 光盘。

（2）DVD-ROM：能读取 CD、DVD 光盘。

（3）CD-RW：能读写 CD 光盘。

（4）DVD-RW：能读写 CD、DVD 光盘。

（3）COMBO：能读取 DVD 光盘，能读写 CD 光盘。

（4）RAMBO： RAMBO 是一种 DVD 刻录机，兼容除蓝光和 HD DVD 外的其他格式。它并不是一种新的刻录标准。RAMBO 包含了 DVD-Multi 和 DVD-Dual 光驱，支持刻录光盘的格式包括 CD-R/RW、DVD+R/RW、DVD-R/RW、DVD-RAM。

（5）蓝光刻录机：支持 BD-AV 数据捕获、编辑、制作、记录与重放功能。目前，市场上的单片蓝光光盘容量有 25GB 和 50GB 两种。

2．主流品牌

光驱的主流品牌有三星、索尼、明基、先锋、飞利浦、爱国者、松下、LG、华硕等。

3．性能参数

拓展阅读资料

光驱的性能参数

微课视频

认识光驱

（1）缓存容量：缓存容量对光驱的连续读写数据能力影响巨大。缓存容量越大，读写数据越快。目前，光驱的缓存容量一般为 2MB～8MB。

（2）接口类型：目前，市场上的光驱接口类型有 IDE、SATA、USB 等，其中 USB 接口为外置式。

（3）纠错能力：纠错能力强的光驱容易跳过一些坏数据区；反之，若光驱读取坏数据区非常吃力，容易导致停止响应或死机等。

（4）倍速：光驱的倍速是光驱读写数据能力的重要参数，1X=150KB/s。目前，52X 是 CD-ROM、CD-RW 的读写速率极限，DVD-ROM、DVD-RW、蓝光刻录机的读写速率一般小于 18X。

1.1.7 显示器

1．主流品牌

从产品类型进行区分，显示器可分为无线显示器、LCD 显示器、触摸屏显示器、3D 显示器；从成像原理进行区分，显示器可分为 CRT 显示器和 LCD 显示器。目前，市场上的主流品牌有飞利浦、三星、LG、冠捷、长城、明基等。

2．CRT 显示器的性能参数

（1）尺寸：显示器的对角线长度，单位为英寸，常见的尺寸有 17 英寸、19 英寸等。

（2）点距：屏幕上相邻两个色点的距离，常见的点距有 0.28mm、0.25mm、0.22mm、0.20mm 等，显示器的点距越小，在高分辨下的显示效果越清晰。

（3）带宽：理论上，理论带宽=水平分辨率×垂直分辨率×刷新频率；实际上，实际带宽=理论带宽×1.5。

（4）分辨率：屏幕上可以容纳像素点的总和，分辨率越高，屏幕上的像素点越多，图像越精细，单位面积上能显示的内容越多。

（5）刷新频率：显示器每秒闪烁的次数，CRT 显示器的刷新频率应该设置在 85Hz 以上。若屏幕刷新频率低于 75Hz，人眼会感觉到屏幕闪烁，长时间观看屏幕会造成人的眼睛不舒服。

3．LCD 显示器的性能参数

拓展阅读资料

微课视频

微课视频

LCD 显示器的性能参数　　　　　　认识显示器（一）　　　　　　认识显示器（二）

（1）尺寸：液晶面板的对角线长度，单位为英寸，常见的尺寸有 15 英寸、17 英寸、19 英寸、22 英寸、24 英寸、26 英寸、27 英寸等。

（2）分辨率：LCD 显示器出厂时，分辨率已经被固定，只有在此分辨率下才能达到最佳显示效果，LCD 显示器的规格包括传统的 4∶3，宽屏的 16∶9 或 16∶10。

（3）亮度：理论上，显示器的亮度值越高越好，该值受液晶面板和灯管等因素的影响。

（4）对比度：明暗的差异程度，目前，LCD 显示器的对比度最高可达 60000∶1，用户可根据需要进行选择。

（5）响应时间：LCD 显示器各像素点对输入信号的响应时间。当响应时间小于 16ms 时，用户使用 LCD 显示器不会观察到拖尾现象，当响应时间大于 16ms 时，用户使用 LCD 显示器看视频时会观察到拖尾现象。目前，常见的 LCD 显示器响应时间有 2ms、3ms、5ms、6ms、8ms、12ms。

（6）显示器接口：显示器接口是连接显卡的唯一接口，常见的显示器接口类型有 VGA 接口（模拟信号）、DVI 接口（数字信号）、HDMI 接口（高清数字信号）。

（7）可视角度：LCD 显示器的光源经过折射和反射输出后会沿着特定的方向传播，当用户使用 LCD 显示器时，若其位置超出了可视角度的范围，则会观察到色彩失真现象。

1.1.8　机箱和电源

1．主流品牌

机箱和电源的主流品牌有航嘉、鑫谷、金河田、曜越、爱国者、酷冷至尊、大水牛等。

2．机箱性能参数

拓展阅读资料

微课视频

机箱的性能参数　　　　　　　　　认识机箱和电源

（1）抗电磁干扰：机箱需要符合抗电磁干扰标准，电磁干扰会损坏电子设备，甚至影响人体健康。

（2）防辐射：机箱应符合 EMI-B 标准，能够防电磁辐射干扰。

（3）散热性能：设计机箱时，应考虑空气对流问题，从而有利于机箱散热。

（4）机箱的可扩展性：机箱应具有足够的空间，用于放置硬盘、光驱、刻录机等设备。

（5）机箱工艺：机箱一般由镀锌薄钢板冲压而成，机箱的外壳应坚固且不容易变形，防止机箱扭曲致使主板被挤压。

3．电源性能参数

拓展阅读资料

电源的性能参数

（1）抗电磁干扰：电源需要符合抗电磁干扰标准。

（2）防辐射：电源应符合 EMI-B 标准，能够防电磁辐射干扰。

（3）散热性能：设计电源时，应考虑空气对流问题，从而有利于电源散热。

（4）安全认证：电源应符合一定的安全认证，常见的安全认证有 3C、UL、CCEE 等。

（5）接口数量：电源提供对主板的 20 针或 24 针接口、IDE 或 SATA 接口。为 CPU 供电的电源接头应保证齐全且有备用。

（6）功率、静音和节能：根据计算机的最大功耗进行计算，并结合合理冗余等原则，选择功率合适的电源，从而满足静音、节能等要求。

（7）电源分类：AT 电源、ATX 电源、Micro ATX 电源。

1.1.9 键盘和鼠标

1．主流品牌

键盘和鼠标的主流品牌有罗技、微软、双飞燕、雷柏、达尔优、雷蛇、赛睿等。

2．鼠标性能参数

拓展阅读资料   微课视频

鼠标的性能参数   认识键盘和鼠标

（1）接口类型：PS/2 接口、USB 接口、无线。

（2）刷新率：单位时间内鼠标读取信息的次数。

（3）分辨率：分辨率越高，定位越精确。

（4）构造类型：机械式、光机式、光电式。

3．键盘的性能参数

（1）接口类型：PS/2 接口、USB 接口、无线。

（2）手感：按键弹性好、敲击键盘无噪声。

（3）工作原理分类：薄膜键盘，机械键盘、静电容式键盘。

（4）键盘布局：键盘的按键布局合理，符合人体工程学。

（5）键位数：83 键、87 键、93 键、96 键、101 键、102 键、104 键、107 键等。104 键键盘在 101 键键盘的基础上为 Windows 额外提供了三个快捷键，所以 104 键键盘也被称为 Windows 键盘。

1.1.10 音箱

1. 主流品牌

音箱的主流品牌有漫步者、惠威、爱国者、飞利浦、BOSE、JBL 等。

2. 音箱性能参数

拓展阅读资料

音箱的性能参数

（1）音箱材质：音箱的材质可分为木质、塑料、金属等，材质对音箱的效果有明显的影响。

（2）功率：功率决定音箱的实际音量。

（3）输入输出接口：根据连接的声卡或功放类型，确定输入输出接口。

（4）音效控制：对音量、音频等参数的控制。

1.1.11 散热器

1. 主流品牌

散热器的主流品牌有酷冷至尊、航嘉、超频三、九州风神、安钛克、曜越。

2. 散热器性能参数

拓展阅读资料

散热器的性能参数

（1）散热器类型：CPU 散热器、笔记本电脑专用散热器、机箱散热器、内存散热器、北桥散热器等。

（2）散热方式：热管、风冷、水冷、散热片。

（3）轴承类型：含油、磁浮、液压、合金、滚珠等，不同的轴承类型，其使用寿命和静音效果有所差异。

 任务实施

下面通过实施一系列步骤，完成既定的任务。

1. CPU

（1）打开"中关村在线 ZOL 模拟攒机"页面（http://zj.zol.com.cn），如图 1-1-25 所示。在该页面中，左侧的"装机配置单"菜单用于选择配件；右侧的选择区域用于设置具体的品牌、产品类型等。

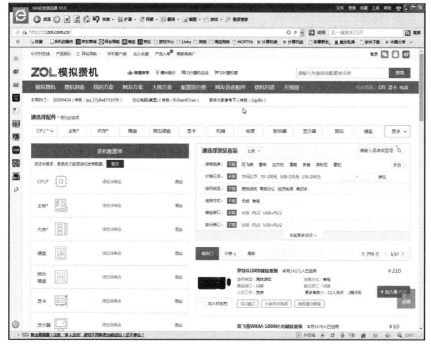

图 1-1-25　"中关村在线 ZOL 模拟攒机"页面

（2）在左侧的"装机配置单"菜单中选择"CPU"。在右侧的选择区域中逐项设置：在"推荐品牌"栏目中选择"Intel"；在"CPU 系列"栏目中选择"酷睿 i5"；在"核心数量"栏目中选择"六核心"；根据任务要求，这里选配的 CPU 为 Intel 酷睿 i5 9400F，如图 1-1-26 所示。

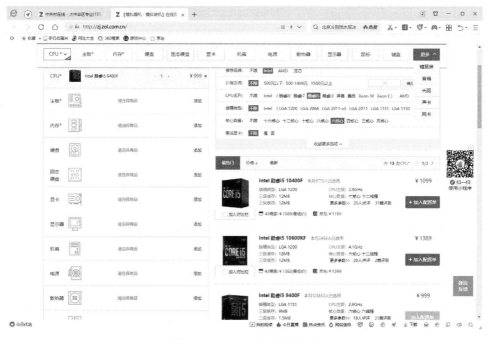

图 1-1-26　CPU 的选择界面

（3）Intel 酷睿 i5 9400F 微处理器如图 1-1-27 所示，性能参数如下。

图 1-1-27　Intel 酷睿 i5 9400F 微处理器

- 64 位微处理器。
- 主频：2.9GHz。
- 最高睿频：4.1GHz。
- 插槽类型 LGA 1151。
- 核心数量：六核心。
- 线程数：六线程。
- 内存控制器：双通道 DDR4 2666/2400/2133MHz。
- 支持最大内存 64GB。
- 一级缓存 6×32KB。
- 二级缓存 1.5MB。
- 三级缓存 9MB。
- 热设计功耗（TDP）：65W。

2. 主板

（1）主板的选择界面如图 1-1-28 所示，在左侧的"装机配置单"菜单中选择"主板"。在右侧的选择区域中逐项设置：在"推荐品牌"栏目中选择"技嘉"；在"主芯片组"栏目中选择"Intel（B360）"；在"CPU 插槽"栏目中选择"LGA 1151"；在"主板板型"栏目中选择"ATX（标准型）"。根据 CPU 匹配特性及任务要求，这里选配技嘉 B360M AORUS PRO 主板。

（2）技嘉 B360M AORUS PRO 主板如图 1-1-29 所示，性能参数如下。

- 主芯片组：Intel B360。
- 集成芯片：声卡/网卡（Realtek ALC892 7.1 声道音效芯片/板载千兆网卡）。
- CPU 平台：第九代、第八代 Core i7/i5/i3/Pentium/Celeron。
- DDR4 内存，4×DDR4 DIMM 插槽，最大内存容量 64GB。
- 支持双通道内存：DDR4 2666/2400/2133MHz。
- 扩展插槽：2×PCI-E X16（PCI-E 3.0）显卡插槽，1×PCI-E X1 插槽。

- SATA 接口：6×SATA Ⅲ接口。
- 主板板型：Micro ATX 板型。
- 4×USB3.1 Gen1 接口，1×USB3.1 Gen1 Type-C 接口，1×USB3.1 Gen2 Type-A 接口，6×USB2.0 接口（4 内置+2 背板），1×HDMI 接口，1×DVI 接口，1×Display Port 接口，1×RJ45 网络接口，6×音频接口，1×PS/2 键盘鼠标通用接口，一个 8 针电源接口，一个 24 针电源接口。
- 2 个 128MB FLASH BIOS 存储，使用授权 AMI UEFI BIOS，支持 Dual BIOS。

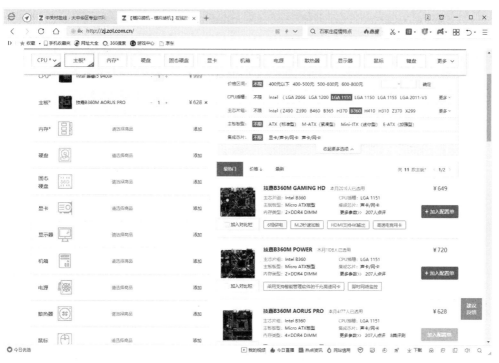

图 1-1-28　主板的选择界面

图 1-1-29　技嘉 B360M AORUS PRO 主板

3．内存

（1）内存的选择界面如图 1-1-30 所示，在左侧的"装机配置单"菜单中选择"内存"。在右侧的选择区域中逐项设置：在"推荐品牌"栏目中选择"金士顿"；在"容量描述"栏目中选择"8GB×2"；在"内存类型"栏目中选择"DDR4"；在"内存主频"栏目中选择"2666MHz"；根据主板和 CPU 特性，以及任务要求，这里选配金士顿骇客神条 FURY 16GB（2×8GB）DDR4 2666 RGB 内存。

图 1-1-30　内存的选择界面

（2）金士顿骇客神条 FURY 16GB（2×8GB）DDR4 2666 RGB 内存如图 1-1-31 所示，性能参数如下。

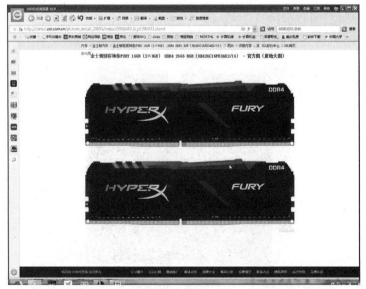

图 1-1-31　金士顿骇客神条 FURY 16GB（2×8GB）DDR4 2666 RGB 内存

- 台式计算机 DDR4 2666MHz 双通道内存。
- 工作电压 1.2V，支持散热。
- RGB 灯条，终身质保。

4．硬盘

（1）硬盘的选择界面如图 1-1-32 所示，在左侧的"装机配置单"菜单中选择"硬盘"。在右侧的选择区域中逐项设置：在"推荐品牌"栏目中选择"希捷"；在"硬盘容量"栏目中选择"2TB"；在"接口类型"栏目中选择"SATA3.0"；根据任务要求，这里选配希捷 BarraCuda 2TB 7200 转 256MB 硬盘。

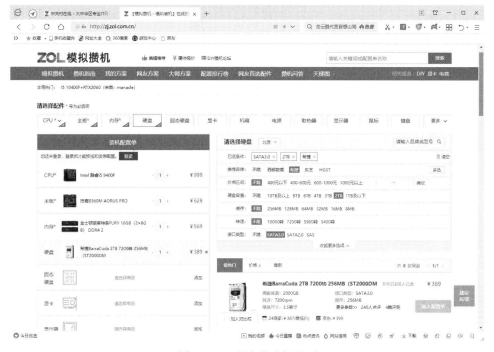

图 1-1-32 硬盘的选择界面

（2）希捷 BarraCuda 2TB 7200 转 256MB 硬盘如图 1-1-33 所示，性能参数如下。

- 适用类型：台式计算机。
- 硬盘尺寸：3.5 英寸。
- 硬盘容量：2000GB。
- 缓存：256MB。
- 转速：7200r/min。
- 接口类型：SATA3.0。
- 接口速率：6Gbit/s。

5．固态硬盘

（1）固态硬盘的选择界面如图 1-1-34 所示，在左侧的"装机配置单"菜单中选择"固态硬盘"。在右侧的选择区域中逐项设置：在"推荐品牌"栏目中选择"三星"；在"缓存"栏目中选择"512MB"；在"接口类型"栏目中选择"M.2 PCIe 接口"。根据任务要求，这里选配三星 970 EVO Plus NVMe M.2（500GB）固态硬盘。

图 1-1-33 希捷 BarraCuda 2TB 7200 转 256MB 硬盘

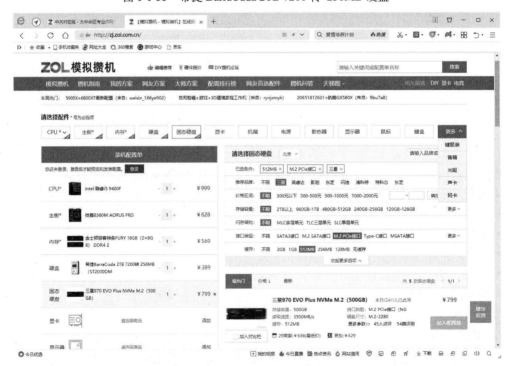

图 1-1-34 固态硬盘的选择界面

（2）三星 970 EVO Plus NVMe M.2（500GB）固态硬盘如图 1-1-35 所示，性能参数如下。

● 存储容量：500GB。

- 缓存：512MB。
- 接口类型 M.2 PCI-E 接口（NGFF）。
- 读取速率：3500MB/s。
- 写入速率：3200MB/s。
- 平均无故障时间：150 万小时。

图 1-1-35 三星 970 EVO Plus NVMe M.2（500GB）固态硬盘

6. 显卡

（1）显卡的选择界面如图 1-1-36 所示，在左侧的"装机配置单"菜单中选择"显卡"。在右侧的选择区域中逐项设置：在"推荐品牌"栏目中选择"影驰"；在"显示芯片"栏目中选择"NVIDIA"；在"显存容量"栏目中选择"4GB"；根据任务要求，这里选配影驰 GeForce GTX 1650 SUPER 骁将显卡，其显存容量、GPU 满足游戏流畅运行的要求，且价格合理。

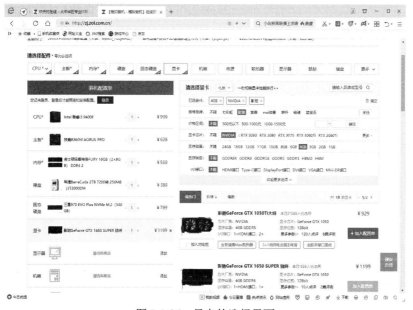

图 1-1-36 显卡的选择界面

（2）影驰 GeForce GTX 1650 SUPER 骁将显卡如图 1-1-37 所示，性能参数如下。

- 显卡芯片：GeForce GTX 1650 SUPER。
- 核心频率：1740MHz。
- 显存频率：12000MHz。
- 显存类型：GDDR6。
- 显存容量：4GB。
- 显存位宽：128bit。
- 最高分辨率：7680×4320。
- 散热方式：散热风扇+散热片+热管散热。
- 接口类型：PCI Express 3.0 16X。
- I/O 接口：1×HDMI 接口，1×DVI 接口，1×DisplayPort 接口。
- 电源接口：6pin。
- 散热方式：双风扇散热+热管散热。

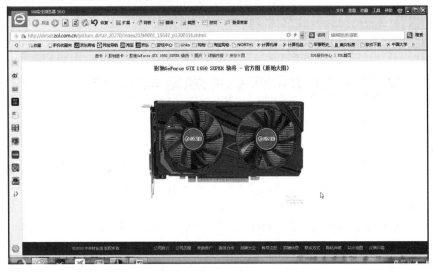

图 1-1-37 影驰 GeForce GTX 1650 SUPER 骁将显卡

7. 显示器

（1）显示器的选择界面如图 1-1-38 所示。在左侧的"装机配置单"菜单中选择"显示器"。在右侧的选择区域中逐项设置：在"推荐品牌"栏目中选择"三星"；在"屏幕尺寸"栏目中选择"27-30 英寸"；在"视频接口"栏目中选择"HDMI"；根据任务要求，这里选配性价比合理的三星 C27F390FHC 显示器。

（2）三星 C27F390FHC 显示器如图 1-1-39 所示，性能参数如下。

- 显示器尺寸：27 英寸。
- 屏幕比例：16∶9（宽屏）。
- 最佳分辨率：1920×1080。
- 高清标准：1080p（全高清）。
- 面板类型：VA。
- 静态对比度：3000∶1。
- 响应时间：4ms。

- 点距：0.3114mm。
- 亮度：250cd/m^2。
- 可视角度：水平 178°，垂直 178°。
- 显示颜色：1670 万种。
- 视频接口：D-Sub（VGA）、HDMI。
- 其他接口：音频输入、音频输出

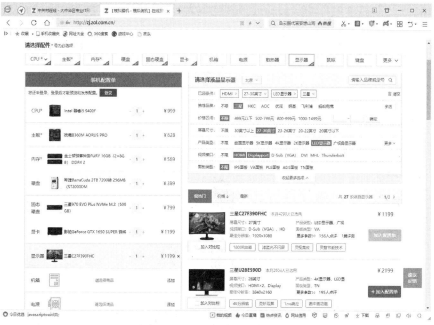

图 1-1-38　显示器的选择界面

图 1-1-39　三星 C27F390FHC 显示器

8．机箱

（1）机箱的选择界面如图 1-1-40 所示。在左侧的"装机配置单"菜单中选择"机箱"。在右侧的选择区域中逐项设置：在"推荐品牌"栏目中选择"航嘉"；在"机箱类型"栏目中选择"台式机"；在"机箱结构"栏目中选择"ATX"；根据任务要求，这里选配外观、性能和价格合理的航嘉 GX500T 机箱。

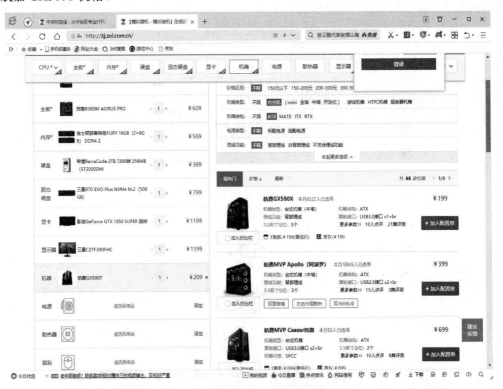

图 1-1-40　机箱的选择界面

（2）航嘉 GX500T 机箱如图 1-1-41 所示，性能参数如下。

- 机箱样式：中塔立式 ATX 板型机箱。
- 适用主板：ATX 板型、MATX 板型、ITX 板型。
- 机箱材质：SPCC（冷轧碳钢薄板及钢带）。
- 板材厚度：0.6mm。
- 显卡限长：350mm。
- CPU 散热器限高：160mm。
- 2 个 3.5 英寸仓位，2 个 2.5 英寸仓位。
- 前置：3×120mm 风扇位。
- 后置：1×120mm 风扇位。
- 顶置：2×120mm/140mm 风扇位。
- 内置：2×120mm 风扇位。
- 面板接口：USB3.0 接口，USB2.0 接口，耳机接口，麦克风接口。
- 支持水冷。

图 1-1-41　航嘉 GX500T 机箱

9. 电源

（1）电源的选择界面如图 1-1-42 所示。在左侧的"装机配置单"菜单中选择"电源"。在右侧的选择区域中逐项设置：在"推荐品牌"栏目中选择"长城机电"；在"电源类型"栏目中选择"台式机电源"；在"额定功率"栏目中选择"501-600W"；根据任务要求，这里选配长城双卡王发烧版 BTX-600SE 电源。

图 1-1-42　电源的选择界面

（2）长城双卡王发烧版 BTX-600SE 电源如图 1-1-43 所示，性能参数如下。

电源类型：600W ATX 台式机电源，支持 Intel 和 AMD 全系列 CPU。

- 主板接口：20pin+4pin。
- 显卡接口：（6pin+2pin）×2。
- 硬盘接口：6 个。
- 供电接口：（大 4pin）×6。
- 安规认证：3C。

图 1-1-43　长城双卡王发烧版 BTX-600SE 电源

10. 鼠标键盘

鼠标、键盘可单独选配，也可选配套装，本任务采用选配套装。

（1）键鼠套装的选择界面如图 1-1-44 所示。在左侧的"装机配置单"菜单中选择"键鼠套装"。在右侧的选择区域中逐项设置：在"推荐品牌"栏目中选择"罗技"；在"适用类型"栏目中选择"竞技游戏"；在"键盘接口"和"鼠标接口"栏目中选择"USB"。根据任务要求，这里选配罗技 G100S 键鼠套装。

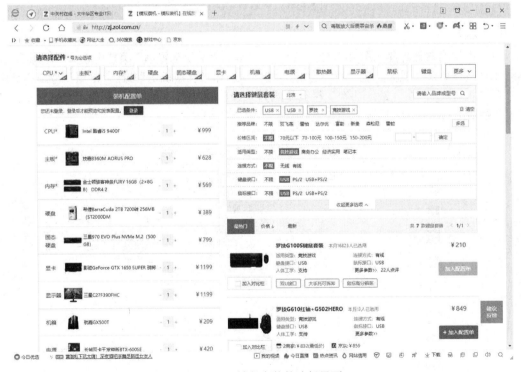

图 1-1-44　键鼠套装的选择界面

（2）罗技 G100S 键鼠套装如图 1-1-45 所示，性能参数如下。

- 黑色 USB 有线竞技游戏键鼠套装。
- 具备防水功能，符合人体工学的 104 键键盘。
- 4 键双向滚轮对称设计光电普通鼠标。
- 鼠标分辨率：2500dpi。

- 分辨率可调：三档。

图 1-1-45 罗技 G100S 键鼠套装

11. 音箱

（1）音箱的选择界面如图 1-1-46 所示。在左侧的"装机配置单"菜单中选择"音箱"。在右侧的选择区域中逐项设置：在"推荐品牌"栏目中选择"漫步者"；在"音箱类型"栏目中选择"电脑音箱"[①]；在"音箱系统"栏目中选择"5.1 声道"。根据任务要求，这里选配漫步者 R151T 音箱。

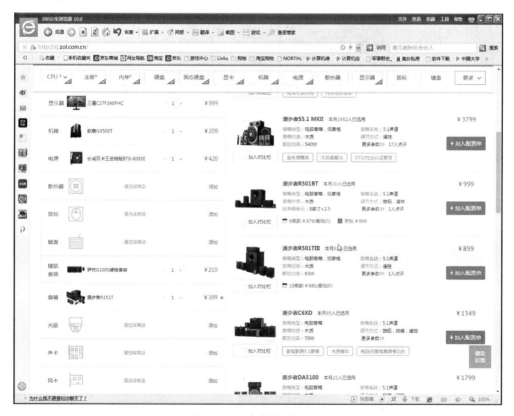

图 1-1-46 音箱的选择界面

（2）漫步者 R151T 音箱如图 1-1-47 所示，性能参数如下。

- 木质低音炮音箱，支持防磁功能。

---

① 电脑音箱：这里指计算机的配套音箱。本书部分图片中的"电脑"（尤其指台式电脑）一词，其规范叫法应为"计算机"，为保障读者顺利阅读，本书对相关词汇进行标注说明。

- 5.1 声道。
- 遥控、线控。
- 电源：220V/50Hz。
- 额定功率：26W。
- 信噪比：85dB。
- 失真度：小于 0.5%（1W、1kHz）。
- 阻抗：10kΩ。
- 扬声器单元：4 英寸。
- 音箱质量：4kg。

图 1-1-47　漫步者 R501T 音箱

12. 光驱

（1）光驱的选择界面如图 1-1-48 所示。在左侧的"装机配置单"菜单中选择"光驱"。在右侧的选择区域中逐项设置：在"推荐品牌"栏目中选择"明基"；在"光驱类型"栏目中选择"DVD 刻录机"；在"安装方式"栏目中选择"内置"；在"接口类型"栏目中选择"SATA 接口"。根据任务要求，这里选配明基 DW24AS 刻录机。

（2）明基 DW24AS 刻录机如图 1-1-49 所示，性能参数如下。

- 光驱类型：DVD 刻录机。
- 安装方式：内置（台式机光驱）。
- 接口类型：SATA。
- 缓存容量：1.5MB。
- 读取速率。

DVD-ROM SL：16X。

DVD-ROM DL：12X。

DVD-R：16X。

DVD-R DL：12X。

DVD-RAM：12X。

DVD+R：16X。

DVD+R DL：12X。

- 写入速率。

DVD-R：16X。

DVD-RW：8X。

DVD-R DL：12X。

DVD-RAM：12X。

DVD+R：16X。

DVD+RW：8X。

CD-R：48X。

CD-RW：32X。

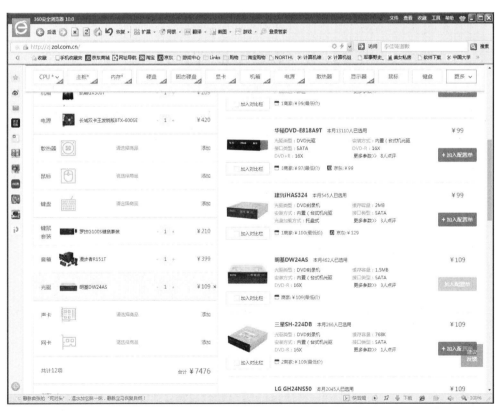

图 1-1-48　光驱的选择界面

经过以上若干步骤，创建模拟攒机配置单，如图 1-1-50 所示。需要提醒读者，因为 IT 产品升级换代非常快，其价格变化非常频繁，所以在本任务中选择的配件仅供参考。本任务旨在告诉读者，必须掌握选择配件的方法。特别注意，当选择 CPU、主板、硬盘、内存、显卡等主要配件时，读者应考虑配件的匹配程度和兼容性。

图 1-1-49   明基 DW24AS 刻录机

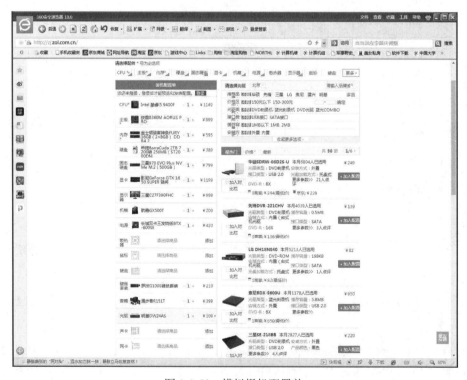

图 1-1-50   模拟攒机配置单

微课视频

组装台式计算机的选购

任务拓展

1．DIY

DIY（Do It Yourself）的意思是自己动手制作，这一概念来自欧美国家，源于计算机的拼装操作。后来，DIY 一词汇被广泛用于其他领域。

2．硬件参数检测

在 Windows 中安装优化大师、360 硬件大师、超级兔子、Everest、CPU-Z、GPU-Z 等软件，可以检测系统硬件的性能参数。我们以 CPU-Z 和 GPU-Z 为例，检测处理器参数、缓存参数、主板参数、内存参数、SPD 参数、显卡参数。

经检测，处理器参数如图 1-1-51 所示，缓存参数如图 1-1-52 所示，主板参数如图 1-1-53 所示，内存参数如图 1-1-54 所示，SPD 参数如图 1-1-55 所示。使用 CPU-Z 测试显卡参数，如图 1-1-56 所示；使用 GPU-Z 测试显卡参数，如图 1-1-57 所示。

图 1-1-51　处理器参数　　　图 1-1-52　缓存参数　　　图 1-1-53　主板参数

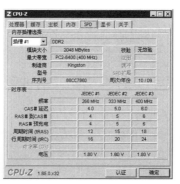

图 1-1-54　内存参数　　　图 1-1-55　SPD 参数

图 1-1-56　使用 CPU-Z 测试显卡参数　　　图 1-1-57　使用 GPU-Z 测试显卡参数

任务 1.2　选配品牌台式计算机

 任务描述

你的朋友欧阳淑敏委托你设计一套合理的品牌台式计算机选配方案，要求品牌为联想，配置为 Intel 六核 CPU、16GB 内存、27 英寸及以上宽屏 LCD 显示器、1TB 硬盘、独立显卡。

 任务分析

首先，登录"中关村在线 ZOL 产品报价"网站；其次，选择联想牌的台式计算机[1]；再次，根据朋友的要求，选择 Intel 酷睿 i5 九代 CPU、16GB 内存、27 英寸宽屏 LCD 显示器、1TB 或 1TB 以上的硬盘、独立显卡等筛选条件；最后，搜索符合筛选条件的品牌台式计算机。

 任务知识必备

1.2.1　台式计算机的主流品牌

台式计算机的主流品牌有联想、惠普、戴尔、方正、神舟、清华同方、海尔、宏碁、长城、华硕、七喜、清华紫光、苹果、明基等。

1.2.2　品牌台式计算机配件的性能参数

品牌台式计算机的主板、CPU、内存、显卡、硬盘、显示器一般委托专业的厂商加工、生产，各种配件经过严格的优化与测试，其稳定性、兼容性较强。品牌台式计算机配件的参数与组装台式计算机配件的参数相同。

---

[1] 部分网站中的叫法为"台式电脑"，其准确叫法应为"台式计算机"。本书对这类叫法进行规范和调整，改为"台式计算机"或"台式机"。由于网站截图与正文叙述有所差异，本书将使用括号注释的方式进行说明。

任务实施

品牌台式计算机与组装台式计算机相比，在兼容性、稳定性、质保、售后服务等方面具有更多优势。但是，品牌台式计算机配置固定，用户不一定能搜索到完全符合自己要求的品牌台式计算机。因此，用户通常需要调整某些配置要求，重新搜索台式计算机的型号。

对品牌台式计算机的厂商而言，如果厂商遇到一些大客户（客户一次性订购几百台以上相同配置的台式计算机），那么厂商有可能按照客户的要求批量生产定制的台式计算机。

（1）登录"中关村在线ZOL产品报价"页面（http://detail.zol.com.cn），品牌台式电脑（台式计算机）的选择界面如图1-2-1所示，在左侧的"产品分类"中选择"笔记本（笔记本电脑）/超极本（超极本电脑）①/台式电脑（台式计算机）"→"台式整机"→"台式电脑（台式计算机）"，打开品牌台式电脑（台式计算机）的筛选界面，如图1-2-2所示。

图 1-2-1 品牌台式电脑（台式计算机）的选择界面

（2）在品牌台式电脑（台式计算机）的筛选界面中可以选择"品牌""CPU系列""内存容量"等，单击"高级搜索"选项，进入品牌台式电脑（台式计算机）的高级搜索界面，如图1-2-3所示，可详细设置品牌台式计算机的筛选条件。

（3）因为厂商生产品牌台式计算机时会考虑市场需求、成本、利润、兼容性等多方面因素，所以用户在相关网站进行搜索时，可能需要多次设置筛选条件，才能找到理想的品牌台式计算机。

在品牌台式电脑（台式计算机）的高级搜索界面中，可供用户设置的筛选条件包括"台式电脑（台式计算机）品牌""台式电脑（台式计算机）价格""产品类型""CPU 系列""CPU 频

---

① "笔记本"指"笔记本电脑"，"超极本"指"超极本电脑"。本书对这类叫法进行规范和调整。由于网站截图与正文叙述有所差异，本书将使用括号注释的方式进行说明。

率""核心线程数""内存容量""内存类型""硬盘容量""显卡类型""显存容量""光驱类型""显示器尺寸""操作系统""无线网卡"等。用户可以任意设置筛选条件,并非所有筛选条件都要设置。根据任务要求,搜索符合筛选条件的台式计算机,单击"查看结果"按钮,显示筛选结果,如图 1-2-4 所示。

图 1-2-2　品牌台式电脑(台式计算机)的筛选界面

图 1-2-3　台式电脑(台式计算机)的高级搜索界面

图 1-2-4　品牌台式电脑（台式计算机）的筛选结果

（4）用户可以综合考虑性能、评价、价格等因素从筛选结果中选择具体的机型。

通常，不同商家展示的同一款品牌台式计算机，其价格可能有所差异，"中关村在线 ZOL 产品报价"页面通常会显示商家的报价区间。用户可根据实际情况进一步了解产品的价格、售后服务水平等信息：一方面，浏览其他网站，如天猫、淘宝、京东商城等；另一方面，走访本地经销商。最终选择合适的购买方式。此外，笔者强烈建议用户，购买产品时必须索要正规发票，从而维护自身的权益。根据任务要求，这里选择的品牌台式计算机为联想天逸 510 Pro（i5 9400F/16GB/256GB+1TB/RX550X/27LCD）。

（5）联想天逸 510 Pro（i5 9400F/16GB/256GB+1TB/RX550X/27LCD）如图 1-2-5 所示，该结果仅供参考，具体样式以实物为准。

图 1-2-5　联想天逸 510 Pro（i5 9400F/16GB/256GB+1TB/RX550X/27LCD）

（6）联想天逸 510 Pro（i5 9400F/16GB/256GB+1TB/RX550X/27LCD）的性能参数如下。

- 产品类型：商用电脑（商用计算机）。
- 预装系统：预装 Windows 10 64bit（64 位简体中文版）。
- 主板芯片组：Intel B250。
- 机箱：立式。
- CPU 系列：Intel 酷睿 i5 9 代系列。
- CPU 型号：Intel 酷睿 i5 9400F。
- CPU 频率：2.9GHz。
- 最高睿频：4.1GHz。
- 总线：DMI 3.8GT/s。
- 制程工艺：14nm。
- 核心架构：Coffee Lake。
- 核心/线程数：六核心/六线程。
- 内存：DDR4 2666MHz 16GB。
- 硬盘：256GB+1TB。
- 光驱：无内置光驱。
- 显卡：AMD Radeon RX 550X 独立显卡。
- 显存容量：4GB。
- DirectX：DirectX 12。
- 显示器：27 英寸 LCD 宽屏显示器。
- 有线网卡：Killer 1000Mbps 以太网卡。
- 无线网卡：支持 802.11a/b/g/n/ac 无线协议。
- 电源：180W ES 电源。
- 数据接口：4×USB3.1、4×USB2.0、1×USB3.1 Type-C、1×耳机/麦克风两用接口。
- 视频接口：2×VGA、2×HDMI、DisplayPort。
- 随机附件：有线键盘，有线鼠标。
- 包装清单：主机、显示器、保修卡、说明书、驱动光盘、数据线、电源、键鼠套装。
- 保修政策：全国联保，享受三包服务。

微课视频

品牌台式计算机的选购

任务拓展

下面介绍品牌台式计算机与组装台式计算机的差异，以及各自的特点。

1. 品牌台式计算机的配置不够合理

就品牌台式计算机而言，厂商为了迎合消费者的心理，可能会片面宣传某些配件的卓越性能，而淡化计算机的整体性能。例如，在品牌台式计算机中，高频 CPU 搭配低档整合主板、低档显卡的现象屡见不鲜，这种不合理的配置严重制约了计算机的整体性能，其原因是 CPU 并不是决定计算机性能的唯一指标，内存、显卡等配件对整机性能的影响也是非常明显的。相比之下，组装台式计算机的配件可以自由选择。

2．品牌台式计算机的配置比较固定

就品牌台式计算机而言，厂商及经销商一般不会根据个人客户的需求更改配件（除前文所说的大客户定制机型）。例如，某个人客户对某品牌台式计算机的大部分配件比较满意，只是希望将 500GB 的硬盘换成 1000GB 的硬盘，通常情况下，厂商及经销商无法满足该客户的需求。相比之下，组装台式计算机则可以满足个人客户的需求。

3．品牌台式计算机的配置不透明

品牌台式计算机配置不透明，其配置清单往往按照以下格式列举：独立显卡、500GB 硬盘、22 英寸 LCD 显示器等。这些配件的品牌、具体性能参数等信息并没有在配置清单中详细说明。品牌台式计算机各配件一般由专业的原始设备制造商（OEM）定做生产，其配件的性能参数根据品牌台式计算机的厂商要求进行设计。

4．品牌台式计算机的兼容性强

品牌台式计算机的硬件一般会经过严格的测试和优化，其硬件的兼容性较强。品牌台式计算机的整机性能通常比相同配置的组装台式计算机高约 10%。

5．升级扩展性

品牌台式计算机的厂商为了控制生产成本，往往使用低成本的配件，所以品牌台式计算机的升级扩展性相对较差。例如，PCI 插槽、内存插槽、SATA 接口、IDE 接口数量较少，导致计算机的可扩展性较低；品牌台式计算机为了美观，在机箱上只保留 1～2 个扩展仓位，导致未来无法添加硬盘或刻录机等设备。品牌台式计算机的厂商对用户自行拆装机箱、插拔配件，以及计算机的保修服务都做出了种种限制，在一定程度上也限制了计算机的升级扩展的能力。

6．外观

品牌台式计算机的厂商在计算机的外观设计上颇费心思，这是因为有不少消费者对造型美观、设计前卫的台式计算机心动。特别是一些计算机上的便捷接口，如前置 USB 接口、音箱接口、耳机插孔等，受到越来越多消费者的喜欢。相比之下，组装台式计算机的造型虽然也比较美观，但诸如显示器、机箱等配件，它们在外观上很难统一起来。

7．智能备份恢复

许多品牌台式计算机通过集成特殊的技术和软件，使计算机系统的备份与恢复操作简单化，但这种特殊的技术和软件一般要占用较大的硬盘空间，并且这部分磁盘空间会分区隐藏。

8．价格与售后服务

组装台式计算机的价格相对较低。商家根据配件的类型，提供 3 个月或 6 个月或 1 年的质保服务，但其服务水平良莠不齐；品牌台式计算机比同等配置的组装台式计算机价格高 20%以上，但品牌台式计算机一般提供三年的整机质保服务、一年内免费上门服务、24 小时热线技术咨询服务等，这些服务为普通消费者提供了可信的保障。

任务 1.3　选配笔记本电脑

 **任务描述**

你的朋友小飞想使用笔记本电脑进行商务办公，现委托你设计一套笔记本电脑选配方案，要求品牌为联想 ThinkPad，笔记本电脑达到中高端配置（含独立显卡），且价格合理。

 任务分析

首先，确定笔记本电脑的品牌；然后，选择适用于商务办公，包含独立显卡的机型；最后，根据搜索的结果，选择性能可靠、可移动上网、内存容量较大、硬盘容量较大，续航能力较长的笔记本电脑。

任务知识必备

1.3.1　笔记本电脑的主流品牌

笔记本电脑的主流品牌有联想、惠普、戴尔、方正、神舟、清华同方、海尔、宏碁、长城、华硕、七喜、清华紫光、苹果、明基、松下、东芝、富士通、海尔、三星、LG 等。

1.3.2　笔记本电脑配件的性能参数

笔记本电脑的主板、CPU、内存、显卡、硬盘、显示器一般委托专业的厂商加工、生产，各种配件经过严格的优化与测试，其稳定性、兼容性较强。笔记本电脑的配件与台式计算机的配件差别较大，并且有着显著的特点，如 CPU 功耗低，支持移动上网，硬盘散热少、体积小、主板的两面都有插槽等。其他配件对功耗、散热、体积、接口都有要求。

 任务实施

（1）登录"中关村在线 ZOL 产品报价"页面（http://detail.zol.com.cn），笔记本电脑的选择界面如图 1-3-1 所示，在左侧的"产品分类"中选择"笔记本（笔记本电脑）/超极本（超极本电脑）/台式电脑（台式计算机）"→"笔记本电脑"→"笔记本电脑"，打开笔记本电脑的筛选界面，如图 1-3-2 所示。

（2）在笔记本电脑的筛选界面中可以选择"品牌""价格""产品定位""屏幕尺寸""CPU 系列""显卡类型""内存容量"等，单击"高级搜索"选项，进入笔记本电脑的高级搜索界面，如图 1-3-3 所示，可详细设置笔记本电脑的筛选条件。

（3）因为厂商生产笔记本电脑时会考虑市场需求、成本、利润、兼容性等多方面因素，所以用户在相关网站进行搜索时，可能需要多次设置筛选条件，才能找到理想的笔记本电脑。

在笔记本电脑的高级搜索界面中，可供用户设置的筛选条件包括"笔记本电脑品牌""笔记本电脑价格""产品定位""屏幕尺寸""CPU 系列""显卡类型""内存容量""硬盘容量""屏幕分辨率"等。用户可以任意设置筛选条件，并非所有筛选条件都要设置。根据任务要求，搜索符合筛选条件的笔记本电脑，单击"查看结果"按钮，显示筛选结果，如图 1-3-4 所示。

图 1-3-1 笔记本电脑的选择界面

图 1-3-2 笔记本电脑的筛选界面

图 1-3-3　详细设置笔记本电脑的筛选条件

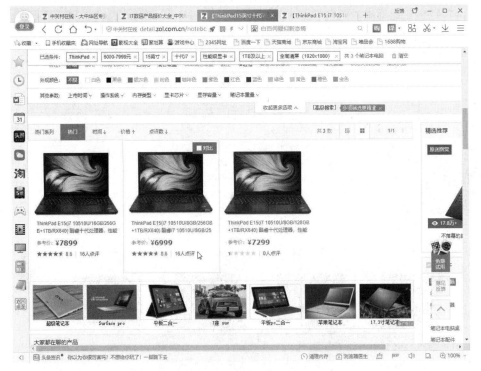

图 1-3-4　笔记本电脑的筛选结果

（4）用户可以综合考虑性能、评价、价格等因素，从筛选结果中选择具体的机型。

通常，不同商家展示的同一款笔记本电脑，其价格可能有所差异，"中关村在线 ZOL 产品报价"页面通常会显示商家的报价区间。用户可根据实际情况进一步了解产品的价格、售后服务水平等信息：一方面，浏览其他网站，如天猫、淘宝、京东商城等；另一方面，走访本地经销商。最终选择合适的购买方式。此外，笔者强烈建议用户，购买产品时必须索要正规发票，从而维护自身的权益。根据任务要求，这里选择的笔记本电脑为 ThinkPad E15（i7 10510U/16GB/256GB+1TB/RX640）。

（5）ThinkPad E15（i7 10510U/16GB/256GB+1TB/RX640）如图 1-3-5 所示，该结果仅供参考，具体样式以实物为准。

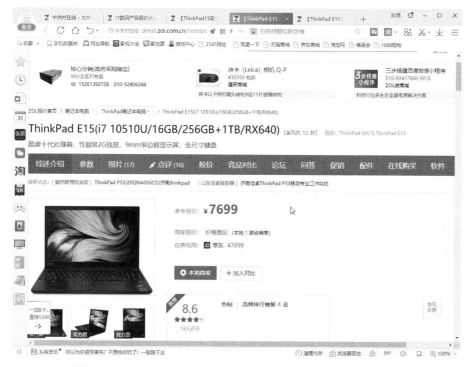

图 1-3-5　ThinkPad E15（i7 10510U/16GB/256GB+1TB/RX640）

ThinkPad E15（i7 10510U/16GB/256GB+1TB/RX640）的性能参数如下。

- 上市时间：2019 年 10 月。
- 产品定位：商务办公笔记本电脑。
- 预装系统：Windows 10。
- CPU：Intel 酷睿 i7 10 代系列-i7 10510U。
- 主频：1.8GHz。
- 最高睿频：4.9GHz。
- 总线规格：OPI 4 GT/s。
- 三级缓存：8MB。
- 核心类型：Comet Lake。
- 核心/线程数：四核心/八线程。
- 制程工艺：14nm。
- 功耗：15W。

- 内存：16GB。
- 最大内存：32GB。
- 硬盘容量：256GB+1TB。
- 光驱：无内置光驱。
- 屏幕尺寸：15.6 英寸。
- 屏幕比例：16∶9。
- 屏幕分辨率：1920×1080。
- 显卡芯片：AMD Radeon RX 640。
- 显存容量：2GB。
- 摄像头：720p 高清摄像头。
- 音频系统：内置音效芯片、Harman Kardon 扬声器、内置麦克风。
- 无线网卡：内置无线网卡。
- 有线网卡：1000Mbps 以太网卡。
- 数据接口：1×USB2.0、2×USB3.0、USB Type-C 接口。
- 视频接口：HDMI。
- 音频接口：耳机/麦克风二合一接口。
- 其他接口：RJ45（网络接口）。
- 指取设备：多点触摸板、Trackpoint 指点杆。
- 键盘描述：全尺寸键盘。
- 电源适配器：100~240V/65W 自适应交流电源适配器。
- 续航时间：具体续航时间视使用环境而定。
- 笔记本重量：1.9kg。
- 厚度：18.9mm。
- 安全性能：安全锁孔。
- 笔记本附件：主机、电源适配器、电源线、说明书、保修卡。
- 保修政策：全国联保，享受三包服务。

微课视频

笔记本电脑的选购

❖ 任务拓展

1．电池性能

目前，笔记本电脑的电池主要分为锂电池和镍氢电池。其中，锂电池是主流产品。锂电池的优点：重量轻，使用时间长，具有记忆能力。

2．显示屏性能

笔记本电脑的显示屏可分为触摸显示屏、IPS 显示屏、视网膜显示屏、3D 显示屏等。笔记本电脑的显示屏的主要性能参数包括可视角度、显示屏的亮度、对比度、刷新频率等。

3．硬盘

笔记本电脑的硬盘转速通常比台式计算机的硬盘转速慢，常见的笔记本电脑的硬盘转速有

4200 r/min 和 5400 r/min。此外，硬盘的转速、厚度、噪音控制、节电控制、防震性能、加密保护性能也非常重要。如今，市场上已出现采用 SSD 固态硬盘混合搭配机械硬盘的笔记本电脑。

4．品牌与服务

目前，笔记本电脑的品牌较多，用户选择笔记本电脑时，应详细了解质保期限、维修服务方式、服务网点等信息；仔细核对配置清单，查验笔记本电脑的实际配置是否与其匹配，杜绝不良商家不实宣传或调包处理。

5．通信功能

笔记本电脑一般提供有线以太网、无线局域网、GPRS/3G/4G 无线网络、蓝牙等功能。

6．整机散热设计

笔记本电脑由于受到体积的限制，设备集中度较高，散热器和散热风扇的使用受到限制。因此，整机的散热设计非常关键。此外，用户若使用散热能力不足的笔记本电脑时应另外配置专用的散热架。

项目实训　选配各类型计算机

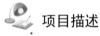 项目描述

公司销售部因业务发展需求，需要购置性能优良、价格合理的组装台式计算机、品牌台式计算机、笔记本电脑各 1 台，现委托你设计选配方案。

 项目要求

（1）组装台式计算机：8GB 内存、1TB 硬盘、独立显卡、27 英寸 LCD 显示器、主板集成显卡、声卡、网卡，兼容性强、性能优良、价格合理，其他不限。

（2）品牌台式计算机：8GB 或以上内存、1TB 或以上硬盘、27 英寸 LCD 显示器、主板集成显卡、声卡、网卡，性能优良、价格合理，其他不限。

（3）笔记本电脑：14 英寸显示屏、8GB 或以上内存、500GB 或以上硬盘，提供以太网、无线局域网、无线移动网络、蓝牙等功能，性能优良、价格合理，其他不限。

 项目提示

本项目涉及的内容较多，设备选型要求较复杂，但作为一名计算机维护人员，必须能够根据客户提出的各类需求设计出合理的计算机选配方案，并能够做到举一反三。在理解配机原理的基础上，熟练地设计组装台式计算机、品牌台式计算机、笔记本电脑的选配方案。

 项目实施

本项目可在有网络条件的计算机实训室进行，登录中关村在线网站（http://zj.zol.com.cn 和 http://detail.zol.com.cn）进行选配方案的设计，项目实施时间为 60 分，采用 3 人一组的方式进行操作，每组的任务可自行分配。

通过实施本项目，可巩固学生所学的知识和技能，促进学生将知识点融会贯通，加强学生的

团队协作能力，培养学生的职业素养，提高学生的职业技能水平。

项目评价

表 1-1 项目实训评价表

	内　容	评　价		
	知识和技能目标	3	2	1
职业能力	理解计算机主要硬件的性能参数			
	理解计算机主要硬件的匹配关系			
	自主选配组装台式计算机			
	自主选配品牌台式计算机			
	自主选配笔记本电脑			
通用能力	语言表达能力			
	组织合作能力			
	解决问题能力			
	自主学习能力			
	创新思维能力			
综合评价				

组装台式计算机

台式计算机的配件采用标准化接口，从而令台式计算机的组装操作进一步简化。台式计算机的硬件组装操作主要包括安装机箱电源、主板、CPU、内存、显卡、网卡、散热器、硬盘、光驱，连接机箱内部的各类线缆，连接显示器、键盘、鼠标、音箱等外部设备。为了保护台式计算机的电子元器件，应采用规范的台式计算机组装方法。

 知识目标

熟悉台式计算机常见的接口和配件。
熟悉组装台式计算机的流程。
了解组装台式计算机的工作环境要求。

 **思政目标**

通过学习组装台式计算机的操作过程，使学生树立正确的质量意识、安全意识、责任意识，并体会这些意识在工作中的重要性。

通过讲解组装台式计算机的注意事项，引导学生做人做事要有原则，遵守国家的法律法规，遵守学校的各项规章制度，做一个遵章守法的好公民。

 技能目标

能够独立组装台式计算机。

任务 2.1　认识并组装台式计算机

 任务描述

学校从某电子商务网站采购了各种台式计算机的配件，用于更新机房中的台式计算机。这些配件包括机箱、电源、主板、CPU、内存、硬盘、显卡、光驱、显示器、键盘、鼠标等，现委托你使用现有的配件，组装台式计算机。

 任务分析

首先，根据台式计算机的标准组装流程，进行防静电处理；然后，按照先内后外的原则，依次安装 CPU、散热风扇、内存、主板、硬盘、光驱、电源、显卡、前置面板的线缆、机箱内各种设备的供电线缆、外部设备的线缆、主机的供电线缆、显示器的供电线缆等；最后，给台式计算机通电自检（POST，Power On Self Test），自检完成后，固定机箱盖上的螺钉，完成台式计算机的硬件组装操作。

 任务知识必备

2.1.1　组装台式计算机的准备工作

（1）组装台式计算机前，应释放人体内的静电。建议操作者用手触摸接地的导电物品（如自来水管、暖气片等）释放人体内的静电。如果有条件，则可以使用防静电手环。

（2）检查台式计算机的各种配件。一方面，检查配件是否齐全；另一方面，检查各配件的外表是否损坏。如果存在上述问题，则可能导致台式计算机工作不稳定，甚至不能工作。

（3）准备各种安装工具，如十字形螺丝刀、一字形螺丝刀、尖嘴钳、镊子等，最好准备一个小器皿，用于盛放螺钉等物品，以防丢失。

（4）尽量轻拿轻放各种配件，避免发生碰撞，对待硬盘务必小心。安装主板时要确保其稳固，同时要防止力量过大导致主板变形，避免损坏主板上的电子元器件和集成电路。

（5）准备一块绝缘泡沫（主板的包装盒中一般有绝缘泡沫）放置主板。先把 CPU 和内存安装到主板上，再把主板安装到机箱内。

2.1.2　组装台式计算机的流程

（1）打开机箱，将电源安装到机箱中。

（2）在主板的 CPU 插槽中插入 CPU，并在 CPU 与散热风扇、散热片的接触面涂抹导热硅脂，安装散热片和散热风扇。

（3）将内存插入主板的内存插槽中。

（4）将主板安装在机箱内的指定位置，并将供电线缆插在主板上。

（5）将显卡安装在主板的显卡插槽中。

（6）声卡是 PCI 接口，将声卡插入 PCI 插槽中。

（7）在机箱中安装硬盘、光驱，并将数据线缆插在主板的相应接口上，插好供电线缆。

（8）通过机箱面板控制线缆将机箱面板（含有各种开关、指示灯等）与主板连接。

（9）通过显示器的信号线缆将显示器与显卡连接。

（10）通电测试，观察计算机能否正常启动。如果计算机能正常启动（听到"嘀"的一声，屏幕显示硬件的自检信息），则关闭电源，继续后面的安装操作。如果计算机不能正常启动，就要检查前面的安装过程是否存在问题，配件是否被损坏。

（11）将机箱侧面的机箱盖安装好，并固定好螺钉。

（12）安装鼠标、键盘等外部设备，完成台式计算机的组装操作。

2.1.3　组装台式计算机的注意事项

（1）必须使用带磁性的十字形螺丝刀，否则固定螺钉时，螺钉容易滑落到主板上，可能损坏主板。

（2）必须使用防静电设备，包括防静电手套、防静电手环、防静电皮垫和防静电布。在要求较高的工作环境中，还必须穿戴防静电鞋套、防静电服装。若工作环境比较简陋，则双手触摸接地的导电物品，从而释放人体内的静电，避免损坏台式计算机中的电子元器件和集成电路。

（3）有些主板和配件需要多个螺钉固定，当操作者固定螺钉时，不要按照逆时针顺序或顺时针顺序固定每个螺钉，操作者应当按照对角位置固定螺钉，这样做可以避免主板或配件的某侧因受力过大而产生变形。

（4）CPU 与散热风扇、散热片的接触面必须涂抹导热硅脂，这样做可以确保散热风扇、散热片和 CPU 紧密接触，有利于 CPU 散热。

（5）部分配件的接口对安装方向有严格的要求。虽然，这些接口通常被设计为特殊形状，以防操作者接反，但是，当操作者安装接口时，依然要仔细辨认接口的安装方向，避免出现错误，也避免用力不当，造成接口被损坏。

 **任务实施**

微课视频

硬件组装

1．组装台式计算机的准备工作

（1）准备组装工具：准备一张结实的大桌子作为装机工作台，并在桌面上铺好防静电皮垫或防静电布；准备一把带磁性的十字形螺丝刀；准备一副防静电手套或防静电手环。将工具放在桌面上，并戴好防静电手套或防静电手环。组装工具如图 2-1-1 所示。

（2）组装配件准备：准备装机的各种配件，包括机箱、电源、主板、CPU、散热器、内存、显卡、光驱、显示器、鼠标、键盘等，并将上述配件放在装机工作台上，组装配件如图 2-1-2 所示。

图 2-1-1　组装工具

图 2-1-2　组装配件

2．安装 CPU 及散热风扇

（1）适当向下用力，轻压用于固定 CPU 的压杆，同时用力向外推压杆，使其脱离固定卡扣，提起 CPU 的压杆，CPU 插槽如图 2-1-3 所示。

（2）将固定 CPU 的护罩与压杆向反方向提起，打开 CPU 插槽护罩，如图 2-1-4 所示。

图 2-1-3　CPU 插槽

图 2-1-4　CPU 插槽护罩

（3）确定好主板和 CPU 上的三角形缺口标志，对齐 CPU 和插槽后安装 CPU，如图 2-1-5

所示。

（4）向下轻微用力，卡紧CPU，如图2-1-6所示，防止用力过大损坏CPU的针脚。

图2-1-5　对齐CPU和插槽　　　　　　　　图2-1-6　卡紧CPU

（5）扣上CPU护罩，并将压杆复位固定，如图2-1-7所示。

（6）压杆复位并固定后，CPU安装完成，效果如图2-1-8所示。

注意： 有些主板不带CPU护罩。

图2-1-7　扣上护罩并将压杆复位　　　　　　图2-1-8　CPU安装完成

（7）给CPU的表面和散热风扇的接触面均匀涂抹导热硅脂，之后对准固定位置，拧紧螺钉，如图2-1-9所示。

（8）按照正确的方向，连接散热风扇的电源接口，如图2-1-10所示

图2-1-9　安装散热风扇　　　　　　　图2-1-10　连接散热风扇的电源接口

3．安装内存

（1）如今，大多数主板支持双通道内存，如何辨别主板是否支持双通道内存呢？操作者可

以查看主板的内存插槽，插槽一般采用两种颜色标识，同一种颜色的内存插槽代表双通道内存插槽，这里提醒读者，要识别内存的插入方向，双通道内存插槽如图 2-1-11 所示。

（2）先将内存插槽两端的卡扣打开，然后将内存平行放入内存插槽中，左手和右手的拇指均按住内存两端轻微向下压，听到"啪"的一声后，说明内存安装到位，如图 2-1-12 所示。

图 2-1-11　双通道内存插槽　　　　　　　　图 2-1-12　安装内存

（3）双通道内存安装完成后，效果如图 2-1-13 所示。

4．安装主板

（1）打开机箱盖，将垫脚螺母安装到机箱背部挡板上的主板托架的对应位置（有些机箱在购买时就已经安装好主板垫脚螺母），如图 2-1-14 所示。

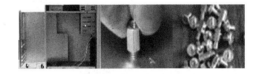

图 2-1-13　双通道内存　　　　　　　　图 2-1-14　安装垫脚螺母

（2）双手拿起主板，将主板放入机箱中，如图 2-1-15 所示。

（3）将主板的外部接口与机箱背部挡板的相应位置对齐，确保主板放置到位，效果如图 2-1-16 所示，注意露出主板的输入接口和输出接口。

图 2-1-15　安装主板　　　　　　　　图 2-1-16　接口对齐机箱背部挡板

（4）最后，固定主板，如图 2-1-17 所示。请注意，固定主板时，先将全部螺钉安装到位，但不要马上拧紧，这样做的好处是可以随时对主板的位置进行调整，防止主板变形；拧螺钉时，应当按照对角位置固定螺钉，不要按照逆时针顺序或顺时针顺序固定每个螺钉。此外，建议操作者不要一次性将某颗螺钉拧得太紧，应该将对角位置的螺钉都固定好后，再多次拧紧所有螺钉。

5．安装硬盘

（1）对于普通的台式计算机机箱，只需将硬盘放入机箱的硬盘托架上，拧紧螺钉使其固定即可，若机箱有可拆卸的 3.5 英寸机箱托架，可先拆卸硬盘托架，如图 2-1-18 所示，以便安装硬盘。

图 2-1-17　固定主板

图 2-1-18　拆卸硬盘托架

（2）在硬盘托架上固定好硬盘，拧紧托架两面的四颗螺钉，如图 2-1-19 所示。

（3）将装有硬盘的托架放回机箱并固定位置，如图 2-1-20 所示。

图 2-1-19　固定硬盘

图 2-1-20　固定硬盘托架

6．安装光驱、电源

（1）安装光驱的方法与安装硬盘的方法大致相同，对于普通的台式计算机机箱，只需将光驱托架前的面板拆除，并将光驱放入对应的位置，拧紧螺钉即可，如图 2-1-21 所示。

（2）将机箱电源放置到位，拧紧四颗螺钉即可，如图 2-1-22 所示。

7．安装显卡

双手轻轻地捏着显卡的两端，垂直对准主板上的显卡插槽，向下轻压到位，再拧紧螺钉即可，如图 2-1-23 所示。

8．连接线缆

（1）连接硬盘的电源线与 SATA 数据线，如图 2-1-24 所示，红色的线缆为 SATA 数据线，黑、黄、红三种颜色交叉的线缆是电源线。电源线接口及 SATA 数据线接口全部被设计为特殊形状，从而避免以错误的方式插入在接口方式正确的前提下，只需将线缆轻轻地插入接口即可。

图 2-1-21　安装光驱

图 2-1-22　安装电源

图 2-1-23　安装显卡

图 2-1-24　连接硬盘的电源线与 SATA 数据线

（2）连接光驱的电源线和数据线缆时，先从电源引出线中选择一根 D 型接口的电源线插入光驱的电源接口，再找到光驱的数据线缆，一端插入主板的 IDE 接口、另一端插入光驱的数据线缆接口，如图 2-1-25 所示。

（3）目前，大部分主板的电源接口都采用了 24pin 的设计，但有些主板的电源接口依然采用 20pin 的设计。连接主板电源时，先从电源引出线中找到相应的接口，把它插到主板的电源插槽上，扣紧塑料卡扣，如图 2-1-26 所示。操作者应注意卡扣的方向，避免接反电源线。

图 2-1-25　连接光驱的电源线和数据线缆

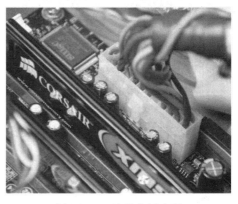

图 2-1-26　连接主板电源

（4）部分 CPU 供电接口采用 4pin 的设计，用于加强供电；某些高端的 CPU 供电接口采用 8pin 的设计，从而为 CPU 提供稳定的电压。连接 CPU 供电接口时，先从电源引出线中找到相应的接口，将其插入主板的 CPU 供电插槽中，扣紧塑料卡扣，如图 2-1-27 所示。

（5）连接前置面板跳线，涉及的配件包括开机按钮、重启按钮、硬盘指示灯、电源指示灯、机箱内置 speaker、前置 USB 接口、前置声音输入/输出接口等；连接前置面板跳线时，先在主板上找到相应的插槽，并查看其标志，再查看主板的说明书，把机箱内的对应跳线接好，如图 2-1-28 所示。

图 2-1-27　连接 CPU 供电接口　　　　　　　图 2-1-28　连接前置面板跳线

（6）为了给机箱内部提供良好的散热空间，方便日后维护，接好各种线缆后，要对其进行整理和捆绑，如图 2-1-29 所示。

（7）PS/2 键盘接口在主板的后部，是一个圆形的接口，接口附近有方向标志。按照正确的方向将接口插入主板的对应插槽，如图 2-1-30 所示。如果键盘是 USB 接口，则连接主板的 USB 插槽。

图 2-1-29　整理和捆绑机箱内部的线缆　　　　　图 2-1-30　连接键盘

（8）PS/2 鼠标接口也在主板的后部，是一个圆形的接口，接口附近有方向标志。按照正确的方向将接口插入主板的对应插槽，如图 2-1-31 所示。如果鼠标是 USB 接口，则连接主板的 USB 插槽。

（9）连接显示器的信号线缆（如 VGA 数据线），将信号线缆的 D 型 15pin 接口插入主板的对应插槽，并拧紧螺钉，如图 2-1-32 所示。此外，也有部分显卡提供 HDMI 等其他视频输出插槽，操作者可根据实际情况自由选择。

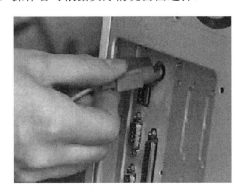
图 2-1-31　连接鼠标

图 2-1-32　连接 VGA 数据线

9. 采用 POST 方法，验证台式计算机的组装效果

（1）检查台式计算机主机的内部和外部，验证所有数据线缆、电源线、设备、接口的连接效果是否稳固，连接方式是否正确。

（2）给台式计算机通电，依次打开显示器的电源开关、主机的电源开关，检查两者的指示灯是否正常显示。如果各指示灯正常显示，且主机发出"嘀"的一声，则说明主机通电自检通过；如果听到其他响声，或主机没有反应，则说明台式计算机的硬件连接可能有故障，关于故障的排除方法将在后续章节详细讲解。

（3）采用 POST 方法完成通电自检后，安装机箱盖。

至此，台式计算机的硬件组装操作就完成了，后续将进行操作系统和应用软件的安装。

任务拓展

台式计算机的正常工作环境

台式计算机内部有很多集成电路，因此，为了提升台式计算机硬件的性能，保障其稳定运行，要避免静电、尘埃、液体、雷击、电压波动等因素的干扰。

1. 保持理想的湿度

台式计算机应当工作在湿度为 45%RH~65%RH 的环境中。湿度低于 30%RH，工作环境比较干燥，空气中游离着大量的带电离子，易产生静电。湿度高于 80%RH，电路板表面易结露，可能引起电子元器件发生漏电、短路、生锈现象，从而导致电子元器件被损坏，以及性能不稳定。

2. 台式计算机的放置环境

台式计算机应该放在没有阳光直射，不会受到雨淋，温度合适，相对清洁的环境中。放置环境的最佳温度范围是 10~30℃，当温度过高时，会加速元器件的老化，并且有易燃风险；当温度过低时，电路板表面易结露，会损害电路板；当环境中的尘埃较多时，会引起电路板短路、接触不良，并且空气中的酸性离子会腐蚀焊点。

此外，清洁台式计算机时，最好使用专用的清洁设备，室内最好配有空调设备。

3. 台式计算机的供电要求

使用交流电为台式计算机供电时，电压的波动水平不要超过±10%，如果电压波动水平超出此范围，则必须配置稳压器。电压的波动容易导致元器件被损坏，甚至无法工作；在有条件的场所，应使用 UPS（不间断电源）为台式计算机不间断供电，防止突然停电对存储设备造成损伤，进而丢失数据。

4. 避免强烈的电磁干扰，避免雷击

目前，大部分台式计算机虽然有一定的防电磁干扰的能力，但是，过强的电磁干扰会损坏磁存储介质，造成数据丢失现象。台式计算机应避免强烈的电磁干扰，并且采取一定的防护措施。

此外，在使用台式计算机的场所，应装有规范的避雷装置。

项目实训　拆装台式计算机

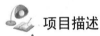

项目描述

学校现有 3 台配置相同的台式组装机，其名称分别为 PC1、PC2 和 PC3。但是，PC1 的主板和硬盘已被损坏，PC2 的内存、硬盘、电源、光驱已被损坏，PC3 的内存、主板已被损坏。因办公需要，学校要求组装 1 台能够正常运行的台式计算机。现在，教师指派你所在的小组利用 3 台旧的台式计算机，完成组装任务。

项目要求

（1）规范地拆卸 3 台台式计算机，并将配件按照良品、残品的标准分类存放。

（2）利用分拣出来的良品配件，快速组装 1 台台式计算机。

（3）完成台式计算机的组装后，检查各种线缆是否连接妥当，并采用 POST 方法，验证台式计算机的组装效果，以备使用。

项目提示

本项目涉及台式计算机硬件的拆卸和组装，要求操作者了解拆卸和组装台式计算机的规范流程，防止在拆卸和组装过程中发生不当行为，进而对台式计算机的硬件造成二次损伤。

作为一名计算机维护人员，务必严格遵守上述基本要求。拆卸和组装操作是计算机维护人员的日常工作，通过本项目，可以使读者熟练掌握台式计算机硬件的拆卸和组装技能。

项目实施

本项目可在计算机维修室进行，维修室内拥有多个标准维修台，项目实施时间为 45 分，采用 3 人一组的方式进行操作，每组的任务可自行分配。

通过实施本项目，可巩固学生所学的知识和技能，促进学生将知识点融会贯通，加强学生的团队协作能力，培养学生的职业素养，提高学生的职业技能水平。

项目评价

项目评价表

	内　　容	评　价		
	知识和技能目标	3	2	1
职业能力	熟悉台式计算机的组装流程			
	熟悉台式计算机各配件的接口			
	组装台式计算机的准备工作			
	熟练地拆卸台式计算机			
	熟练地组装台式计算机			
通用能力	语言表达能力			
	组织合作能力			
	解决问题能力			
	自主学习能力			
	创新思维能力			
综合评价				

项目 3

设置 BIOS

BIOS（Basic Input Output System）指计算机的基本输入输出系统，其内容集成在计算机主板上的一个 EPROM 芯片中，主要保存计算机系统的基本输入输出程序、系统设置信息、通电自检程序（POST）、系统启动自举程序等。在很大程度上，BIOS 的功能决定了主板的性能，BIOS 的功能越多，主板的性能越强。

 知识目标

理解 BIOS 的功能。
了解常见的 BIOS 程序。
了解 BIOS 的刷新程序。

 技能目标

熟练设置 BIOS。
熟练刷新 BIOS。

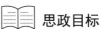 **思政目标**

通学习计算机启动顺序的优先级，使学生明白做事要懂得轻重缓急，先做重要的事情。

通过学习中文版的 BIOS，使学生理解创新的重要意义，树立创新意识，建立创新思维，掌握创新方法。

通过学习 BIOS 设置的操作，引导学生成为一名做事有条理的人，使其能够统筹管理事务，节约时间，提高效率。

任务 3.1　设置 BIOS

 任务描述

你的朋友郝志远购买了一台裸机（未安装操作系统的计算机），现在他向你求助，希望你能教会他关于设置 BIOS 的基本方法。

 任务分析

首先，根据开机提示，按相应的按键（如 F1 键、F2 键、Delete 键等）进入 BIOS 设置界面，在本任务中，需要按 Delete 键进入 BIOS 设置界面。然后，根据朋友的要求，对 Phoenix-Award BIOS 的各种设置进行配置，主要内容包括 BIOS 通用设置、标准 CMOS 设置、高级 BIOS 设置、高级芯片组设置、整合周边设置、电源管理设置、即插即用和总线设置、计算机健康状态、频率和电压控制等。

 任务知识必备

3.1.1　BIOS 概述

（1）BIOS 设置用于控制计算机的基本输入和输出、各配件的实际工作参数、各配件的启动顺序、计算机系统的性能优化、计算机系统的初始检测、各种中断服务、基本故障检测等。通过 BIOS 设置可以对 CMOS 中的参数进行设置。

（2）CMOS 的本意指互补金属氧化物半导体，是一种大规模应用于集成电路芯片制造的原料。计算机主板上的 CMOS RAM 芯片是一块可进行读写操作的 RAM 芯片，主要用于保存当前系统的硬件配置及操作人员对某些参数的设置。CMOS RAM 芯片由系统通过一块主板电池供电，因此，在关机状态下，CMOS RAM 芯片中的信息不会丢失。因为 CMOS RAM 芯片本身只是一个存储器，只具有保存数据的功能，所以调整 CMOS 设置中的各项参数要通过专门的程序才能进行。多数厂家将 CMOS 设置置于 BIOS ROM 芯片中，当用户开机时，按某个特定的按键就能进入 BIOS 设置。

3.1.2 BIOS 的功能

在很大程度上，BIOS 的功能决定了主板的性能。BIOS 的管理功能主要包括以下几点。

（1）BIOS 中断服务程序：究其本质而言，BIOS 中断服务程序是计算机系统中软件与硬件之间的一个可编程接口，主要用于衔接软件程序与计算机硬件。例如，DOS 和 Windows 中对软盘、硬盘、光驱、键盘、显示器等外围设备的管理，都是直接建立在 BIOS 中断服务程序上的，而且用户也可以通过访问 INT5、INT13 等中断点直接调用 BIOS 中断服务程序。

（2）BIOS 系统设置程序：计算机的设备信息存储在 CMOS EPRAM（可擦写存储器）芯片中，这些信息包括系统的基本情况，CPU 特性，软、硬盘驱动器，显示器、键盘等部件的信息。在 BIOS ROM 芯片中装载的系统设置程序，主要用于设置 CMOS RAM 中的各项参数；当用户开机时，按特定的按键，即可进入 BIOS 系统设置程序的设置状态。BIOS 系统设置程序提供了良好的界面供用户使用。如果 CMOS RAM 芯片中的配置信息错误，就有可能导致系统的整体运行性能降低，软、硬盘驱动器等部件不能识别，甚至引发严重的软、硬件故障。

（3）通电自检程序：计算机通电后，通电自检程序将对 CPU、640KB 基本内存、1MB 以上的扩展内存、ROM、主板、CMOS RAM、串口、并口、显卡、软盘子系统、硬盘子系统、键盘等设备进行测试。一旦在通电自检过程中发现问题，系统将给出提示信息或鸣笛警告。

（4）BIOS 系统启动自举程序：完成通电自检程序后，BIOS 按照在 CMOS RAM 中保存的启动顺序搜索软、硬盘驱动器、CD-ROM、网络服务器等有效的启动驱动器，读取操作系统的引导记录，然后将系统控制权交给引导记录，并由引导记录完成系统的启动。

3.1.3 主流 BIOS 程序

不同的制造商提供了不同的 BIOS 程序，过去的 BIOS 程序主要有三种：Award BIOS 程序、AMI BIOS 程序和 Phoenix BIOS 程序。后来，Award 公司兼并了 Phoenix 公司，推出了 Phoenix-Award BIOS 程序。不同的 BIOS 程序其对应的进入按键有所不同（如 Delete 键、F1 键、F2 键等），读者可根据主板的提示信息进行操作。

（1）早期的 Award BIOS 界面，如图 3-1-1 所示。

（2）常见的 Phoenix -Award BIOS 界面，如图 3-1-2 所示。

（3）常见的 AMI BIOS 界面，如图 3-1-3 所示。

（4）应用于服务器和笔记本电脑的 Phoenix BIOS 界面，如图 3-1-4 所示。

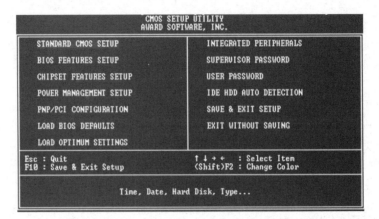

图 3-1-1　早期的 Award BIOS 界面

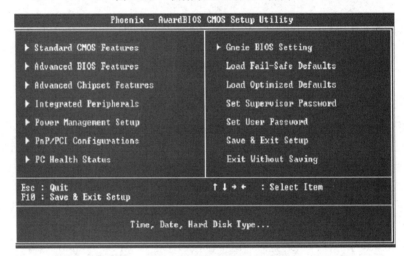

图 3-1-2　Phoenix-Award BIOS 界面

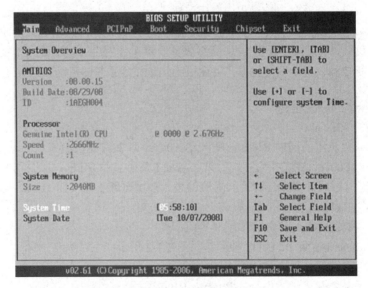

图 3-1-3　AMI BIOS 界面

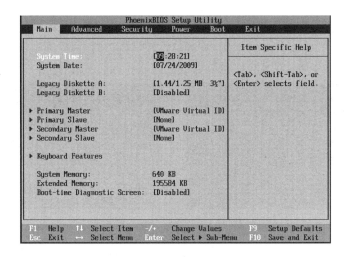

图 3-1-4　Phoenix BIOS 界面

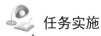 任务实施

Phoenix-Award BIOS 的功能键如表 3-1-1 所示。

表 3-1-1　Phoenix-Award BIOS 的功能键

按　　键	功　　能
↑	移至上一条目
↓	移至下一条目
←	移至左边条目（菜单内）
→	移至右边条目（菜单内）
Enter	进入选中的项目
PageUp	增加数值或进行变更
PageDown	减少数值或进行变更
＋	增加数值或进行变更
－	减少数值或进行变更
Esc	主菜单：退出且不存储变更，返回 CMOS 现有的页面； 设置菜单和被选页面设置菜单：退出当前页面，返回主菜单
F1	提供设置项目的求助内容
F5	从 CMOS 中加载修改前的设定值
F7	加载最佳默认值
F10	存储设置，退出设置程序

微课视频

AMI BIOS 设置

1. 主界面及 BIOS 通用设置

（1）开机提示界面如图 3-1-5 所示，按 Delete 键进入 BIOS 设置界面。

注：图 3-1-5 仅供参考，具体界面以用户操作的计算机为准。

（2）如图 3-1-6 所示为 Phoenix-Award BIOS 主界面，用户可在其中按方向键选择不同的选项，按 Enter 键进入子选项，设置相应的功能。

图 3-1-5　开机提示界面　　　　　图 3-1-6　Phoenix-Award BIOS 主界面

（3）Load Optimized Defaults（加载默认最佳设置）：当在开机过程中遇到问题时，设置该项可重新设置 BIOS，输入"Y"并按 Enter 键后执行，如图 3-1-7 所示。

（4）Set Supervisor Password（设置管理者密码）：该选项生效后，管理者有权限更改 CMOS设置，输入管理者密码后需再次输入密码用于确认管理者身份，如图 3-1-8 所示。

Load Optimized Defaults　　　**Set Supervisor Password**

图 3-1-7　加载默认最佳设置 　　　　　图 3-1-8　设置管理者密码

（5）Set User Password（设置用户密码）：若未设置管理者密码，则用户密码也会起到相同的保护作用。若同时设置了管理者密码与用户密码，则输入用户密码后只能看到设置数据，而不能对数据进行变更，输入用户密码后需再次输入密码用于确认用户身份，如图 3-1-9所示。

（6）Save & Exit Setup（保存并退出设置）：保存所有变更信息至 CMOS 并退出设置，输入"Y"并按 Enter 键后执行，如图 3-1-10 所示。

Set User Password　　　　　**Save & Exit Setup**

图 3-1-9　设置用户密码 　　　　　图 3-1-10　保存并退出设置

（7）Exit Without Saving（不保存并退出设置）：放弃所有变更信息并退出设置，输入"Y"并按 Enter 键后执行，如图 3-1-11 所示。

Exit Without Saving

图 3-1-11　不保存并退出设置

2. 标准 CMOS 设置

（1）在 Phoenix-Award BIOS 主界面中选择 Standard CMOS Features 选项，进入标准 CMOS设置界面，如图 3-1-12 所示，在该界面中可设置标准（兼容）BIOS 信息。标准 CMOS 设置的项目、选项及描述如表 3-1-2 所示。

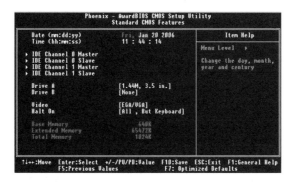

图 3-1-12 标准 CMOS 设置界面

表 3-1-2 标准 CMOS 设置的项目、选项及描述

项 目	选 项	描 述
Date	mm:dd:yy	设置系统日期
Time	hh:mm:ss	设置系统内部时钟
IDE Primary Master	选项位于子菜单	按 Enter 键打开子菜单内的详细选项
IDE Primary Slave	选项位于子菜单	按 Enter 键打开子菜单内的详细选项
IDE Secondary Master	选项位于子菜单	按 Enter 键打开子菜单内的详细选项
IDE Secondary Slave	选项位于子菜单	按 Enter 键打开子菜单内的详细选项
Drive A Drive B	360KB，5.25in 1.2MB，5.25in 720KB，3.5in 1.44MB，3.5in 2.88MB，3.5in None	选择软盘驱动器类型
Video	EGA/VGA CGA 40 CGA 80 MONO	选择预设显卡类型
Halt On	All Errors No Errors All，but Keyboard All，but Diskette All，but Disk/Key	选择 POST 的中止方式
Base Memory	N/A	显示在开机自检时测出的常规内存容量
Extended Memory	N/A	显示在开机自检时测出的扩展内存容量
Total Memory	N/A	显示系统中的总存储器容量

3. 高级 BIOS 设置

（1）在 Phoenix-Award BIOS 主界面中选择 Advanced BIOS Features 选项，进入高级 BIOS 设置界面，如图 3-1-13 所示。

（2）选择 Boot Seq & Floppy Setup（引导顺序）选项，进入引导顺序界面，如图 3-1-14 所示，各选项的含义如下。

① Hard Disk Boot Priority：设置硬盘优先级。

② First Boot Device/Second Boot Device/ Third Boot Device/ Boot Other Device：设置开机时的设备启动顺序，顺序为第一、第二、第三、其他。BIOS 根据用户设置的开机时的设备启动顺序，从备选驱动器中依次启动操作系统，这些驱动器包括 Floppy、LS120、HDD-0、SCSI、CD-ROM、HDD-1、HDD-2、HDD-3、ZIP100、LAN、Disabled。

③ Swap Floppy Drive：若系统有两个软盘驱动器，可设置该选项，用于交换逻辑驱动器的名称，该选项的默认值为 Disabled，此外，还可以设置为 Enabled。

④ Boot Up Floppy Seek：若软盘驱动器有 40 banks 或 80 banks，则可以对软盘驱动器进行检测。用户关闭此功能后，可减少开机时间，该选项的默认值为 Enabled，此外，还可以设置为 Disabled。

⑤ Report No FDD For WIN 95：该选项的默认值为 NO，此外，还可以设置为 Yes。

图 3-1-13　高级 BIOS 设置界面

图 3-1-14　引导顺序界面

（3）在高级 BIOS 设置界面中，选择 Boot Seq & Floppy Setup→Hard Disk Boot Priority 选项，进入硬盘引导优先级界面，如图 3-1-15 所示。该功能主要针对多硬盘引导状况。

（4）在高级 BIOS 设置界面中，选择 Cache Setup 选项，进入 CPU 缓存设置界面，如图 3-1-16 所示。各选项的含义如下。

① CPU L1&L2 Cache（一级缓存和二级缓存）：根据使用的 CPU/芯片组情况，激活或关闭缓存，该功能将影响内存的存取时间。该选项的默认值为 Enabled（激活缓存），此外，还可以设置为 Disabled（关闭缓存）。

② CPU L3 Cache（三级缓存）：根据使用的 CPU/芯片组情况，激活或关闭缓存，该功能将影响内存的存取时间。该选项的默认值为 Enabled（激活缓存），此外，还可以设置为 Disabled（关闭缓存）。

图 3-1-15　硬盘引导优先级界面

图 3-1-16　CPU 缓存设置界面

（5）在高级 BIOS 设置界面中，选择 CPU Feature 选项，进入 CPU 特性设置界面，如图 3-1-17 所示，各选项的含义如下。

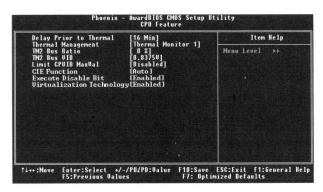

图 3-1-17 CPU 特性设置界面

① Delay Prior to Thermal：用于在指定的时间后，激活 CPU 过热延迟功能，该选项的默认值为 16 Min，此外，还可以设置为 4Min、8 Min、32 Min。

② Thermal Management：用于选择监控器的热量管理，该选项的默认值为 Thermal Monitor 1，此外，还可以设置为 Thermal Monitor 2。

③ TM2 Bus Ratio：用于抑制性能状态的频率总线，该选项在传感器从不热到热的过程中将被启动，该选项的默认值为 0X，也可以输入十进制数，最小值为 0，最大值为 255。

④ TM2 Bus VID：用于抑止性能状态的电压，该选项在传感器从不热到热的过程中将被启动，该选项的默认值为 0.8375V，最小值为 0.8375V，最大值为 1.6000V。

⑤ Limit CPUID MaxVal：用于设置 CPUID MaxVal，该选项的默认值为 Disabled，此外，还可以设置为 Enabled。

⑥ C1E Function：用于设置 Enhanced Halt State，当系统在闲置时可减少能量消耗，该选项的默认值为 Auto，此外，还可以设置为 Disabled。

⑦ Execute Disable Bit：用于保护系统免受缓冲器溢出的侵袭，该选项的默认值为 Enabled，此外，还可以设置为 Disabled。

⑧ Virtualization Technology：用于系统独立分区，当运行虚拟机或多界面系统时，可增强性能，该选项的默认值为 Enabled，此外，还可以设置为 Disabled。

（6）高级 BIOS 设置界面中的其他选项。

① Virus Warning：病毒警告功能，以便保护 IDE 硬盘引导扇区。如果激活该选项，当试图修改引导扇区时，系统会在屏幕上显示警告信息，并发出"嘀、嘀……"的响声，该选项的默认值为 Disabled，表示关闭病毒警告功能，此外，还可以设置为 Enabled，表示启动病毒警告功能。

② Hyper-Threading Technology：用于激活或关闭超线程技术。若使用 Windows XP 或 Linux 2.4.x，则激活（Enabled，也是该选项的默认值）该选项，操作系统可使超线程技术最优化；若使用其他操作系统，则关闭（Disabled）该选项，操作系统不能使超线程技术最优化。

③ Quick Power On Self Test：用于缩短或省略开机自检过程中的某些自检项目，该选项的默认值为 Enabled，表示开机快速自检，此外，还可以设置为 Disabled，表示正常自检。

④ Boot Up NumLock Status：用于选择开机后的数字小键盘的工作状态，该选项的默认值为 On，表示数字小键盘发挥数字键的作用，此外，还可以设置为 Off，表示数字小键盘发挥光标控制键的作用。

⑤ Gate A20 Option：Gate A20 信号线用于寻址 1MB 以上的内存，在此选项中，可选择由系统芯片组或键盘控制器控制。A20 指第一个 64KB 的扩充内存，该选项的默认值为 Fast，表示是

由芯片组控制的，此外，还可以设置为 Normal，表示是由键盘控制的。

⑥ Typematic Rate Setting：该选项被激活时，可以设置输入速率（Typematic Rate）和输入延时（Typematic Delay），该选项的默认值为 Disabled，此外，还可以设置为 Enabled。其子选项的含义分别如下。

Typematic Rate (Chars/Sec)：设置按键被持续按压的过程中每秒响应的击键次数，该选项的默认值为 6，此外，还可以设置为 8、10、12、15、20、24、30。

Typematic Delay (Msec)：设置按键被持续按压的过程中响应连续击键的延时，该选项的默认值为 250，此外，还可以设置为 500、750、1000。

⑦ Security Option：用于设置安全选项，该选项的默认值为 Setup，此外，还可以设置为 System，其含义分别如下。

System：若设置为 System，则激活系统和存取设置程序都需要密码，即开机需要密码验证。

Setup：若设置为 Setup，则只在存取设置程序时才使用密码。

此功能在设置了管理者密码或用户密码后才有效。

⑧ APIC Mode：当该选项设置为 Enabled 时，可以激活 BIOS 到操作系统的 APIC 驱动模式报告，该选项的默认值为 Enabled，此外，还可以设置为 Disabled。

⑨ MPS Version Control For OS：BIOS 支持 Intel 多处理器规范 1.1 版本和 1.4 版本，根据计算机上运行的操作系统，选择支持的版本，该选项的默认值为 1.4，表示支持 1.4 版本，此外，还可以设置为 1.1，表示支持 1.1 版本。

⑩ OS Select For DRAM > 64MB：当用户使用 OS2 且内存容量小于 64MB 时，可以选择 OS2，否则请选择 Non-OS2，该选项的默认值为 Non-OS2，此外，还可以设置为 OS2。

⑪ Summary Screen Show：该选项允许用户启动或关闭屏幕显示摘要，该选项的默认值为 Enabled，此外，还可以设置为 Disabled。

4. 高级芯片组设置

在 Phoenix-Award BIOS 主界面中选择 Advanced Chipset Features 选项，进入高级芯片组设置界面，如图 3-1-18 所示。设置芯片组的高级功能指允许为安装在系统里的芯片组配置一些特殊功能。此芯片组可以控制总线速度，以及存取系统内存资源（如 DRAM 和外部存取），协调与 PCI 总线的通信工作。系统已默认将各选项设置为最优值，除非用户确定某些选项有误，否则不要轻易修改各选项。高级芯片组设置界面中的各选项含义如下。

图 3-1-18　高级芯片组设置界面

① DRAM Timing Selectable：用于设置内存参数，该选项的默认值为 By SPD，此外，还可以设置为 Manual。

② CAS Latency Time：用于设置 CAS 延时周期，在安装了同步 DRAM 的情况下，CAS 的

延时周期取决于 DRAM 时序，该选项的默认值为2，此外，还可以设置为2.5 或 3。

③ Active to Precharge Delay：用于控制 DRAM 时钟到激活预取延时的周期，该选项的默认值为8，此外，还可以设置为7、6、5。

④ DRAM RAS# to CAS# Delay：设置内存行寻址到列寻址的延时周期。数值越小，性能越好。对内存进行读、写、刷新操作时，需要在这两种脉冲信号之间插入延时周期。只有当系统安装了同步 DRAM 时，才可以使用该选项，该选项的默认值为4，此外，还可以设置为3、2。

⑤ DRAM RAS# Precharge：RAS 表示内存行地址控制器预充电时间，预充电时间的参数值越小，内存的读写速率越快。只有当系统安装了同步 DRAM 时，才可使用该选项，该选项的默认值为4，此外，还可以设置为3、2。

⑥ Memory Frequency For：用于选择内存频率，该选项的默认值为 Auto，此外，还可以设置为DDR266、DDR300、DDR320、DDR400 等。

⑦ System BIOS Cacheable：用于在地址为 F0000h～FFFFFh 的缓存区域中存储系统 BIOS ROM，从而得到更好的系统性能。然而，在此缓存区域中写入任何程序，都可能导致系统错误，该选项的默认值为 Enabled，此外，还可以设置为 Disabled。

⑧ Video BIOS Cacheable：用于存储视频 BIOS，从而得到更好的系统性能。然而，在此缓存区域中写入任何程序，都可能导致系统错误，该选项的默认值为 Disabled，此外，还可以设置为 Enabled。

⑨ Memory Hole At 15M-16M：用于将系统内存的这块区域预留给与 ISA 匹配的 ROM，此区域被预留后就不能再进行存储了，应根据内存的实际使用情况决定此区域的用途，该选项的默认值为 Disabled，此外，还可以设置为 Enabled。

⑩ AGP Aperture Size (MB)：用于选择图形加速器接口的孔径，此孔径是 PCI 内存地址留给图形内存地址的空间，符合孔径范围的主周期不需要转换，直接送至 AGP，该选项的默认值为128，此外，还可以设置为64、4、8、16、32、1、256。

⑪ Init Display First：用于决定优先激活 PCI 插槽或优先激活集成 AGP 芯片，该选项的默认值为 PCI Slot，此外，还可以设置为 Onboard/AGP。

5. 整合周边设置

在 Phoenix-Award BIOS 主界面中选择 Integrated Peripherals 选项，进入整合周边设置界面。

（1）整合周边设置界面如图 3-1-19 所示，在该选项中可以设置 IDE 驱动器和可编程 I/O 接口。

（2）在整合周边设置界面中选择 OnChip IDE Device 选项，进入 IDE 设备界面，如图 3-1-20 所示，各选项的含义如下。

图 3-1-19　整合周边设置界面

图 3-1-20　IDE 设备界面

① IDE HDD Block Mode：块模式也被称为区块转移、多重指令或多重读/写扇区。如果 IDE 设备支持块模式（多数的新设备能够支持），则选择 Enabled，可以自动侦测设备支持的每个扇区中的块在读/写时的最佳值，该选项的默认值为 Enabled，此外，还可以设置为 Disabled。

② IDE DMA transfer access：用于激活或关闭 IDE transfer access，该选项的默认值为 Enabled，此外，还可以设置为 Disabled。

③ On-Chip Primary/ Secondary PCI IDE：用于激活或关闭主/从 IDE 通道，该选项的默认值为 Enabled，此外，还可以设置为 Disabled。

IDE Primary Master PIO、IDE Primary Slaver PIO 、IDE Secondary Master PIO、IDE Secondary Slaver PIO：IDE PIO（程序化的输入/输出）列表允许为每个板载 IDE 设备设置一个 PIO 模式，以便提高设备性能，这些选项的默认值为 Auto，此外还可以设置为 Mode0～Mode4。

IDE Primary Master UDMA、IDE Primary Slaver UDMA 、IDE Secondary Master UDMA、IDE Secondary Slaver UDMA：如果系统的 IDE 硬件设备支持 Ultra DMA/100，操作环境包括 DMA 驱动程序（Windows 95 OSR2 或 third party IDE bus master driver），并且硬件设备和系统软件也支持 Ultra DMA/100，则选择 Auto（默认值），否则选择 Disabled。

④ On-Chip Serial ATA：用于控制 SATA，该选项的默认值为 Default，此外，还可以设置为 Auto、Combined Mode、Enhanced Mode、SATA Only。

Auto:让 BIOS 自动安排。

Combined Mode: PATA 和 SATA 各自最多可以连接 2 个 IDE 设备。

Enhanced Mode: SATA 和 PATA 合计最多可以连接 6 个 IDE 设备。

SATA Only: SATA 在传统模式中运行。

⑤ Serial ATA Port 0/Port1 Mode：该选项的默认值为 Primary Master。

（3）在整合周边设置界面中选择 Onboard Device 选项，进入板载设备界面，如图 3-1-21 所示，各选项的含义如下。

① USB Controller：如果系统含有一个 USB 接口，并且有 USB 外部设备，则建议激活该选项。该选项的默认值为 Enabled，此外，还可以设置为 Disabled。

② USB 2.0 Controller：用于激活或关闭 EHCI 控制器。如果计算机有高速 USB 设备，并且 BIOS 有支持高速 USB 设备的 EHCI 控制器时，则该选项将被自动设置为 Enabled。

③ USB Keyboard Support：用于设置是否支持 USB 键盘，该选项的默认值为 Disabled，表示不支持 USB 键盘，此外，还可以设置为 Enabled，表示支持 USB 键盘。

④ USB Mouse Support：用于设置是否支持 USB 鼠标，该选项的默认值为 Disabled，表示不支持 USB 鼠标，此外，还可以设置为 Enabled，表示支持 USB 鼠标。

⑤ AC97 Audio：用于设置是否启用 AC97 音频，该选项的默认值为 Auto，此外，还可以设置为 Disabled。

⑥ AC97 Modem：用于设置是否启用 AC97 调制解调器，该选项的默认值为 Auto，此外，还可以设置为 Disabled。

⑦ Onboard PCI LAN：用于激活或关闭板载 PCI LAN，该选项的默认值为 Enabled，此外，还可以设置为 Disabled。

⑧ Onboard Lan Boot ROM：用于设置是否使用板载网络芯片引导 ROM，该选项的默认值为 Enabled，此外，还可以设置为 Disabled。

（4）在整合周边设置界面中选择 SuperIO Device 选项，进入输入输出设备界面，如图 3-1-22 所示，各选项的含义如下。

图 3-1-21 板载设备界面

图 3-1-22 输入输出设备界面

① Onboard FDC Controller：如果用户已经安装了软盘驱动器，则激活该选项；若用户安装了 FDC，或者系统无软盘驱动器，则关闭该选项，该选项的默认值为 Enabled，此外，还可以设置为 Disabled。

② Onboard Serial Port 1：用于为主/从串行接口选择一个地址和相应的中断，该选项的默认值为 3F8/IRQ4，此外，还可以设置为 Disabled、2F8/IRQ3、3E8/IRQ4、2E8/IRQ3、Auto。

③ Onboard Serial Port 2：用于为主/从串行接口选择一个地址和相应的中断，该选项的默认值为 2F8/IRQ3，此外，还可以设置为 Disabled、Auto、3F8/IRQ4、3E8/IRQ4、2E8/IRQ3。

④ UART Mode Select：用于决定使用板载 I/O 芯片的何种红外线功能，该选项的默认值为 Normal，此外，还可以设置为 ASKIR、IRDA、SCR。

⑤ UR2 Duplex Mode：用于选择连接至红外线接口的红外线设备的参数值，全双工模式支持同步双向传输，半双工模式在同一时间内只支持单向传输，该选项的默认值为 Half，此外，还可以设置为 Full。

⑥ Onboard Parallel Port：用于规定板载并行接口的基本 I/O 端口地址，该选项的默认值为 Auto，此外，还可以设置为 378/IRQ7、278/IRQ5、3BC/IRQ7、Disabled。

⑦ Parallel Port Mode：该选项的默认值为 SPP，表示使用并行接口作为标准打印机接口。此外，还可以设置为 EPP，表示使用并行接口作为增强型并行接口；设置为 ECP，表示使用并行接口作为扩展兼容接口；设置为 ECP+EPP，表示使用并行接口作为 ECP & EPP 模式的接口。

⑧ ECP Mode Use DMA：用于为接口选择 DMA 通道，该选项的默认值为 3，此外，还可以设置为 1。

⑨ PWRON After PWR-Fail：用于设置当系统宕机或发生中断时，是否重新启动计算机。该选项的默认值为 Off，表示保持电源关闭状态，此外，还可以设置为 On，表示重新启动计算机；设置为 Former-Sts，表示将系统恢复到意外断电/中断前的状态。

6. 电源管理设置

在 Phoenix-Award BIOS 主界面中选择 Power Management Setup 选项，进入电源管理配置界面，如图 3-1-23 所示，各选项的含义分别如下。

① ACPI Function：用于显示高级设置和电源管理（ACPI）状态，该选项的默认值为 Enabled，此外，还可以设置为 Disabled。

② Power Management：用于选择省电模式，可选择的模式包括 Max Saving（最大省电模式）、Min Saving（最小省电欧式）和 User Define（用户自定义模式）。Max Saving 表示 HDD Power Down（硬盘电源关闭）与 Suspend（挂起）都被设置为1min；Min Saving 表示系统进入一段较长的非活跃期，在该模式下，Doze、Standby、Suspend 的默认值均为 1h，HDD Power Down 的默认值为 15min；User Define 表示允许用户根据自己的需要设定节电模式。

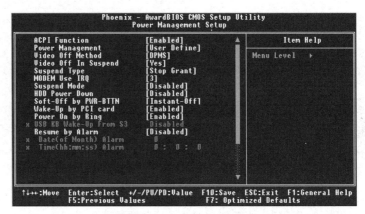

图 3-1-23　电源管理配置界面

③ Video Off Method：用于决定显示器在没有被使用时的显示风格。该选项的默认值为 DPMS，此外，还可以设置为 V/H SYNC+Blank、Blank Screen。

V/H SYNC+Blank：关闭显示器的垂直信号与水平信号输入，并输入空白信号至缓冲器。

Blank Screen：输入空白信号至缓冲器。

DPMS：显示初始电源管理信号。

④ Video Off In Suspend：用于选择关闭显示器的方法，该选项的默认值为 Yes，此外，还可以设置为 No。

⑤ Suspend Type：用于设置挂起类型，该选项的默认值为 Stop Grant，此外，还可以设置为 PwrOn Suspend。

⑥ MODEM Use IRQ：用于决定调制解调器能使用的 IRQ，该选项的默认值为 3，此外，还可以设置为 4、5、7、9、10、11、NA。

⑦ Suspend Mode：用于设置一段时间，在该段时间内，如果完全不操作计算机，则系统自动进入 Suspend 模式，以减少电量的消耗。该选项的默认值为 Disabled，此外，还可以设置为 1 Min、2 Min、4 Min、6 Min、8 Min、10 Min、20 Min、30Min、40Min 和 1H。

⑧ HDD Power Down：用于设置一段时间，在该段时间内，如果完全没有读写命令，则系统会切断硬盘电源，自动进入省电模式，以节省电量。一旦出现读写命令，系统将重新运行。该选项的默认值为 Disabled，还可以设置为 1Min～15Min 之间的任意值。

⑨ Soft-Off by PWR-BTTN：用于设置当按下电源按钮后，系统立即关机或进入 Suspend 模式。该选项的默认值为 Instant-Off，表示按电源按钮后立即关机。此外，还可以设置为 Delay 4 Sec，表示持续按电源按钮 4s，系统立即关机，若持续按电源按钮的时间小于 4s，系统则进入 Suspend 模式。

⑩ Wake-Up by PCI card：若激活该选项，则来自 PCI 卡的 PME 信号可将系统恢复到全开机状态，该选项的默认值为 Enabled，此外，还可以设置为 Disabled。

⑪ Power On by Ring：若激活该选项，则串行铃声指示器（RI）线上的输入信号（Modem 的预警）可将系统从软关机状态下唤醒，该选项的默认值为 Enabled，此外，还可以设置为 Disabled。

⑫ Resume by Alarm：用于设置计算机的开机日期和时间，该选项的默认值为 Disabled，此外，还可以设置为 Enabled。若激活该选项，则可以选择日期（Date）和时间（Time），其子选项的含义如下。

Date (of Month) Alarm：选择系统引导的日期（含月份）。

Time (hh:mm:ss) Alarm：选择系统引导的具体时间（含时/分/秒）。

注意：如果用户修改了设置，那么在该选项生效前，用户必须重新引导系统并进入操作系统。

⑬ Reload Global Timer Events：用于设置系统唤醒事件，其子选项的含义如下。

Primary/Secondary IDE 0/1：用于激活或关闭主要的/次要的 RAID 0 或 RAID 1，该选项的默认值为 Disabled，此外，还可以设置为 Enabled。

FDD,COM,LPT Port：用于激活或关闭 FDD、COM 和 LPT 端口，该选项的默认值为 Disabled，此外，还可以设置为 Enabled。

PCI PIRQ [A-D]#：用于激活或关闭 PCI PIRQ [A-D]#，该选项的默认值为 Disabled，此外，还可以设置为 Enabled。

7. 即插即用和总线设置

在 Phoenix-Award BIOS 主界面中选择 PnP/PCI Configurations 选项，进入即插即用和总线设置界面，如图 3-1-24 所示，各选项的含义分别如下。

图 3-1-24　即插即用和总线设置界面

① Reset Configuration Data：用于重新设置配置数据。因为 BIOS 支持即插即用设备，所以必须记录所有资源的分配情况，以防止冲突。每个外部设备均有 ESCD（Extended System Configuration Data），用于记录所有资源的分配情况，系统将这些数据记录在 BIOS 保留的存储空间中。该选项的默认值为 Disabled，此外，还可以设置为 Enabled，表示插入即插即用设备后，系统会将资源的分配情况记录到 ECSD 中，一旦设备被拔出，系统将清除 ESCD 中的内容。

② Resources Controlled By：该选项的默认值为 Auto(ESCD)"，表示 BIOS 会检测系统资源并自动分配相关的 IRQ 和 DMA，并将通道分配给设备；此外，还可以设置为 Manual，表示用户需要为每个附加卡分配 IRQ 和 DMA，确保 IRQ/DMA 和 I/O 接口没有冲突。

IRQ Resources：用于对设备使用的系统中断类型进行分配，按 Enter 键后可以设置系统中断的子选项，请注意，只有当 Resources Controlled By 被设置为 Manual 时，才可以对 IRQ Resources 进行设置，其包含的子选项如下。

IRQ-3 assigned to PCI Device。

IRQ-4 assigned to PCI Device。

IRQ-5 assigned to PCI Device。

IRQ-7 assigned to PCI Device。

IRQ-9 assigned to PCI Device。

IRQ-10 assigned to PCI Device。

IRQ-11 assigned to PCI Device。

IRQ-12 assigned to PCI Device。

IRQ-14 assigned to PCI Device。

IRQ-15 assigned to PCI Device。

③ PCI / VGA Palette Snoop：某些图形控制器会将从 VGA 控制器发出的图像信号输出到显示器上，以此方式提供开机信息。另外，来自 VGA 控制器的色彩信息会从 VGA 控制器的内置调色板生成适当的颜色，图形控制器需要知道 VGA 控制器调色板里的信息，因此，non-VGA 图形控制器会查看 VGA 调色板的缓存信息（窥探数据）。在 PCI 系统中，当 VGA 控制器在 PCI 总线上，并且 non-VGA 控制器在 ISA 总线上时，如果 PCI VGA 控制器对写入操作有反应，则写入 VGA 调色板的缓存信息不会显示在 ISA 总线上。PCI VGA 控制器不会对写入操作进行答复，只会窥探数据，并允许在前置 ISA 总线中进行存取，non-VGA ISA 图形控制器可以窥探 ISA 总线中的数据，除上述情况外，建议用户关闭该选项，若无特殊情况，用户应遵循系统默认值。该选项的默认值为 Disabled，此外，还可以设置为 Enabled。

8．计算机健康状态

在 Phoenix-Award BIOS 主界面中选择 PC Health Status 选项，进入计算机健康状态界面，如图 3-1-25 所示，各选项的含义分别如下。

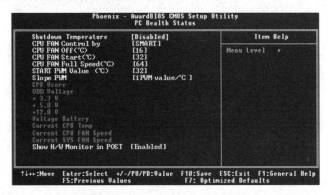

图 3-1-25　计算机健康状态界面

① Shutdown Temperature：用于设置当 CPU 的温度达到设定值时，计算机自动关闭。该选项仅在 Windows 98 ACPI 模式下有效，该选项的默认值为 Disabled，此外，还可以设置为 60℃/140°F、65℃/149°F、70℃/158°F。

② CPU FAN Control by：该选项的默认值为 SMART，表示令 CPU 风扇减少噪音，此外，还可以设置为 Always On。

③ CPU FAN Off<℃ >：如果 CPU 的温度低于设定值，风扇将被关闭，该选项的默认值为 16。

④ CPU FAN Start<℃ >：当 CPU 的温度达到设定值时，CPU 风扇将在智能风扇模式下运行，该选项的默认值为 32。

⑤ CPU FAN Full speed <℃ >：当 CPU 的温度达到设定值时，CPU 风扇将全速运行，该选项的默认值为 52。

⑥ START PWM Value：当 CPU 的温度达到设定值时，CPU 风扇将在智能风扇模式下运行。该选项的参数值范围是 0～127，对应风扇转速的 128 个等级，数值越大，风扇转速越快，声音也越大。该选项的默认值为 32。

⑦ Slope PWM：通过设置倾斜脉冲宽度调制改变 CPU 风扇的转速，该选项的默认值为 1

PWM value/℃，此外，还可以设置为 2 PWM value/℃、4 PWM value/℃、8 PWM value/℃、16 PWM value/℃、32 PWM value/℃、64 PWM value/℃。其子选项的含义如下。

　　CPU Vcore：核心电压。

　　VDD Voltage：IC 的驱动电压，该选项可设置为+3.3V、+5.0V、+12.0V。

　　Voltage Battery：自动检测系统电压状况。

　　Current CPU Temp：显示当前 CPU 的温度。

　　Current CPU FAN Speed：显示当前 CPU 风扇的转速。

　　Current SYS FAN Speed：显示当前系统风扇的转速。

　　⑧ Show H/W Monitor in POST：若计算机内有监控系统，则计算机在开机自检过程中显示监控信息。该选项可以让用户进行延时选择。该选项的默认值为 Enabled，此外，还可以设置为 Disabled。

9. 频率和电压控制

在 Phoenix-Award BIOS 主界面中选择 Frequency/Voltage Control 选项，进入频率和电压控制界面，如图 3-1-26 所示，各选项的含义分别如下。

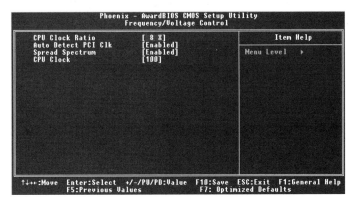

图 3-1-26　频率和电压控制界面

　　① CPU Clock Ratio：用于设置 CPU 时钟倍频，该选项的默认值为 8X。最小= 8X，最大= 50X。

　　② Auto Detect PCI Clk：用于激活或关闭自动检测 PCI 时钟，该选项的默认值为 Enabled，此外，还可以设置为 Disabled。

　　③ Spread Spectrum：用于激活或关闭展开频谱，该选项的默认值为 Enabled，此外，还可以设置为 Disabled。

　　④ CPU Clock：用于设置 CPU 时钟频率，该选项的最小值为 100（默认值），最大值为 255。

　　注意：若选择的 CPU 时钟频率无效，则可以使用以下两种开机方式。

　　方法 1：将 JCMOS1((2-3)closed)的参数值设置为 ON，清空 CMOS 中的资料，则所有的 CMOS 数据将被设置为默认值。

　　方法 2：同时按 Insert 键和计算机的电源按钮后，松开电源按钮，持续按住 Insert 键直至屏幕在开机过程中有显示内容后松手。此操作可根据处理器的 FSB 重新激活系统。

　　建议将 CPU 核心电压和时钟频率设置为默认值，如果没有采用默认值，则会对 CPU 和 M/B 造成损害。

◆◆ 任务拓展

1. 常见的 BIOS 错误提示

（1）Award BIOS 在自检过程中会发出各种响铃声，下面分别介绍各种响铃声的含义。

说明："长"指持续响铃，"短"指短促响铃。

1 短：系统正常启动。

2 短：常规错误，请进入 CMOS Setup，重新设置出现错误的选项。

1 长 1 短：RAM 或主板有错误。建议更换内存，若更换内存后还有错误，则只能更换主板。

1 长 2 短：显示器或显卡错误。

1 长 3 短：键盘控制器错误。建议检查主板。

1 长 9 短：主板 FLASH RAM 或 EPROM 错误，BIOS 损坏。建议更换 FLASH RAM。

不停地响（长声）：内存未插紧或内存被损坏。建议重插内存，若重插内存后还出现错误，则只能更换内存。

不停地响：电源、显示器与显卡未连接好。建议检查相关接口。

重复短响：电源错误。

无声音且无显示：电源错误。

（2）AMI BIOS 在自检过程中会发出各种响铃声，下面分别介绍各种响铃声的含义。

说明："长"指持续响铃，"短"指短促响铃。

1 短：内存刷新失败。建议更换内存。

2 短：内存 ECC 校验错误。在 CMOS Setup 中，将内存中有关 ECC 校验的选项设置为 Disabled 即可。不过，最根本的解决办法为更换内存。

3 短：系统基本内存错误。建议更换内存。

4 短：时钟错误。

5 短：CPU 错误。

6 短：键盘控制器错误。

7 短：系统实模式错误，不能切换到保护模式。

8 短：显存错误。建议更换显卡。

9 短：ROM BIOS 检验错误。

1 长 3 短：内存错误。建议更换内存。

1 长 8 短：测试显示器时出现错误。显示器的数据线没插好或显卡没插牢。

（3）Phoenix BIOS 在自检过程中会发出各种响铃声，下面分别介绍各种响铃声的含义。

说明："长"指持续响铃，"短"指短促响铃。

1 短：系统正常启动。

1 短 1 短 2 短：主板错误。

1 短 1 短 4 短：ROM BIOS 校验错误。

1 短 2 短 2 短：DMA 初始化失败。

1 短 3 短 1 短：RAM 刷新错误。

1 短 3 短 3 短：基本内存错误。

1 短 4 短 2 短：基本内存校验错误。

3 短 2 短 4 短：键盘控制器错误。

3 短 4 短 2 短：显示错误。

4 短 2 短 2 短：关机错误。

1 短 1 短 3 短：CMOS 或电池失效。

1 短 2 短 1 短：系统时钟出现设置错误。

1 短 3 短 2 短：系统基本内存错误。

2 短 1 短 1 短：64KB 基本内存错误。

3 短 1 短 2 短：主 DMA 寄存器错误。

3 短 4 短 3 短：时钟错误。

2. 常见的 CMOS 错误提示

（1）CMOS battery failed：CMOS 电池失效。

原因：CMOS 电池的电量已经不足，请更换新的电池。

（2）CMOS check sum error-Defaults loaded：CMOS 执行全部检查时发现错误，因此载入预设的系统设定值。

原因：发生这种状况的原因通常是电池的电量不足，因此先尝试更换电池，如果问题依然存在，那就说明 CMOS RAM 可能有问题，需要更换 CMOS RAM。

（3）Press Esc to skip memory test：内存检查，可按 Esc 键跳过。

原因：没有设置快速通电自检，以及开机后内存测试，如果用户不想等待，可按 Esc 键跳过，或者进入 CMOS 设置界面，启动 Quick Power On Self Test 选项。

（4）Secondary slave hard fail：检测从盘失败。

原因：CMOS 设置不当（计算机内部并没有从盘，但在 CMOS 中设置了从盘），硬盘的电源线、数据线可能未接好，或者硬盘的跳线设置不当。

（5）Override enable-Defaults loaded：当通过 CMOS 无法启动系统时，载入 BIOS 的预设值以启动系统。

原因：CMOS 的设置与本机不兼容（例如，内存的工作频率为 100MHz，但在 CMOS 中将内存的工作频率设置为 133MHz），如果出现上述问题，则进入 BIOS 的设置界面，重新调整相关参数。

（6）Press Tab to show POST screen：按 Tab 键可以切换显示画面。

原因：厂商会以自己设计的显示画面取代 BIOS 预设的开机显示画面，因此，按 Tab 键可以在厂商的自定义显示画面和 BIOS 预设的开机显示画面之间进行切换。

3. BIOS 密码的去除方法

方法一：关闭主机，断开电源，戴好防静电手套，打开机箱，把为 CMOS RAM 供电的纽扣电池取出，1 分后再将纽扣电池装回原位置。

方法二：关闭主机，断开电源，戴好防静电手套，打开机箱，把为 CMOS 供电的跳线帽切换到 Clear CMOS 位置，6 秒后再将跳线帽切换到 CMOS battery 位置。

方法三：若未设置开机验证密码，则进入操作系统后，打开"命令提示符"窗口，输入以下命令。

```
Debug
-o 70 16
-o 71 34
-quit
```

方法四：上网搜索该型号主板 BIOS 的万能密码。

4．UEFI

UEFI（Unified Extensible Firmware Interface）指统一可扩展固件接口。它可以将系统从预启动环境加载到当前的操作系统。随着计算机硬件技术的迅速发展，传统的 BIOS（Legacy BIOS）制约了技术的进步，UEFI 被认为是 Legacy BIOS 的继任者，如图 3-1-27 和图 3-1-28 所示为华硕和华擎主板的 UEFI 设置界面。这两种个性化的 UEFI 均基于通用的 AMI UEFI 开发而来。

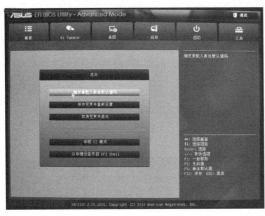
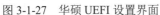

图 3-1-27　华硕 UEFI 设置界面

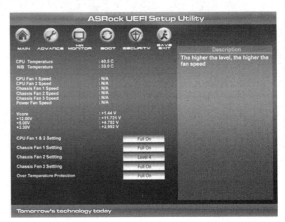

图 3-1-28　华擎 UEFI 设置界面

UEFI 是以 EFI 1.10 为基础发展起来的，EFI 1.10 是 Intel 公司提出的关于计算机固件的体系结构及服务的接口。如今，相关的接口标准由 Unified EFI Form 管理。在该接口标准完善的过程中，先后有 Intel 公司、Microsoft 公司、AMI 公司作出了贡献。UEFI 是开源接口，目前的版本为UEFI 2.3.1。UEFI 与 Legacy BIOS 的区别如下。

（1）在 UEFI 中，99%的程序代码是利用 C 语言完成的。

（2）UEFI 摒弃中断、硬件端口操作等方式，采用 Driver/Protocol 方式。

（3）UEFI 不支持 x86 实模式，采用 Flat 模式。

（4）UEFI 的输出不再使用二进制码，而使用 Removable Binary Drivers 方式。

（5）在 UEFI 中，启动 OS 时，不再调用 INT19，而直接使用 Protocol/Device Path。

（6）通常情况下，Legacy BIOS 不能满足第三方人员的再次开发和研究，除非第三方人员参与 Legacy BIOS 的设计工作，并且在此过程中，开发人员还要考虑 ROM 的限制。而 UEFI 可供第三方人员再次开发和研究，因为它是开源的。

（7）UEFI 弥补了 Legacy BIOS 对新硬件支持不足的缺陷。

（8）UEFI 通过模块化的组织形式和 C 语言风格的堆栈参数传递方式来构建系统。UEFI 比Legacy BIOS 更易于实现，UEFI 的容错和纠错特性更强，从而缩短了系统研发的时间。更重要的是，UEFI 运行于 32 位或 64 位模式，突破了传统的 16 位模式的寻址能力，实现了处理器的最大寻址，克服了 Legacy BIOS 运行缓慢的弊端。

（9）UEFI 提供了图形化界面，界面内容主要包括 UEFI 初始化模块、UEFI 驱动执行环境、UEFI 驱动程序、兼容性支持模块、UEFI 高层应用、GUID 磁盘分区等。

（10）UEFI 是新式的 BIOS，UEFI 目前已得到众多厂商的支持，并且逐渐占据市场的主导地位。

（11）用户在 UEFI 模式下安装的系统，只能用 UEFI 模式引导；同理，用户在 Legacy BIOS模式下安装的系统，只能用 Legacy BIOS 模式引导。

（12）UEFI 只支持 64 位系统且磁盘分区必须为 GPT 模式。

（13）Legacy BIOS 使用 INT13 读取磁盘，每次只能读取 64KB 数据，工作效率低下；而 UEFI 每次可以读取 1MB 数据，载入速率更快。

3.1.4 技嘉主板 BIOS

下面以技嘉主板 UEFI BIOS 为例进行讲解。

1. 开机界面

技嘉主板 BIOS 的开机界面如图 3-1-29 所示，本例的 BIOS 版本为 T25。

BIOS 设置界面包含以下两种模式，用户可按 F2 键进行切换。

（1）Classic Setup：该模式是系统的默认模式，提供了详细的 BIOS 设置选项。用户可以按上、下、左、右方向键选择选项，并按 Enter 键进入子选项。此外，用户也可以使用鼠标进行选择。

（2）Easy Mode：在该模式下，用户可以快速地浏览主要的系统信息并优化系统性能。用户可以使用鼠标进行选择，快速设置各项参数。

2. BIOS 设置程序主界面

BIOS 设置程序主界面如图 3-1-30 所示，当前使用的是 Classic Setup 模式，常用按键的含义如下。

图 3-1-29 技嘉主板 BIOS 开机界面

图 3-1-30 BIO 设置程序主界面

（1）←/→：向左/向右移动光标，选择目标选项。

（2）↑/↓：向上/向下移动光标，选择目标选项。

（3）Enter：进入选项，或者确定选项的设定值。

（4）＋/PageUp：增加选项的数值/改变设置状态。

（5）－/Page Down：减少选项的数值/改变设置状态。

（6）F1：显示所有功能按键的相关说明。

（7）F2：切换至 Easy Mode。

（8）F5：恢复该界面的所有选项设置（仅适用于子选项）。

（9）F7：载入该界面的最佳预设值（仅适用于子选项）。

（10）F8：进入 Q-FLASH 界面。

（11）F9：显示系统信息。

（12）F10：询问用户是否储存设置并离开 BIOS 设置程序。

（13）F12：截取目前界面，并自动存至 U 盘。

（14）Esc：离开目前界面，或者从主界面离开 BIOS 设置程序。

3. M.I.T.界面

M.I.T.（频率/电压设置）界面如图 3-1-31 所示，各选项的含义如下。

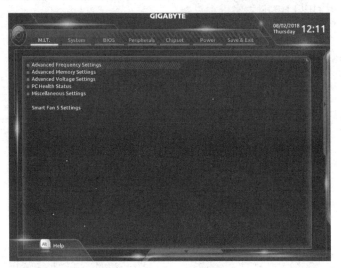

图 3-1-31　M.I.T.界面

（1）Advanced Frequency Settings。

① CPU Base Clock：以 0.01 MHz 为单位，调整 CPU 的基频。该选项的默认值为 Auto。建议读者依照 CPU 的规格调整其频率。

② Host Clock Value：该选项的参数值会随着 CPU Base Clock 的参数值变化而改变。

③ Graphics Slice Ratio：设置 Graphics Slice Ratio 的参数值。此选项仅开放给支持此功能的 CPU。

④ Graphics UnSlice Ratio：设置 Graphics UnSlice Ratio 的参数值。此选项仅开放给支持此功能的 CPU。

⑤ CPU Upgrade：设置 CPU 的时脉，该选项对应不同型号的 CPU 时，其参数会有所不同。该选项的默认值为 Auto。此选项仅开放给支持此功能的 CPU。

⑥ Enhanced Multi-Core Performance：用于选择是否以 Turbo 1C 的频率运行 CPU。该选项的默认值为 Auto。

⑦ CPU Clock Ratio：用于设置 CPU 时钟倍频，该选项对应不同型号的 CPU 时，其参数会有所不同。

⑧ CPU Frequency：用于显示当前 CPU 的运行频率（CPU 内频）。

⑨ FCLK Frequency for Early Power On：用于调整 FCLK 的频率，该选项的默认值为 1GHz，此外还可以设置为 800MHz、400MHz。

⑩ Advanced CPU Core Settings。

- CPU Clock Ratio、CPU Frequency、FCLK Frequency for Early Power On：这些选项的含义与设置方式与 Advanced Frequency Settings 中的有关选项是相同的，此处不再赘述。
- AVX Offset：用于设置 CPU 的 AVX 倍频。此选项仅开放给支持此功能的 CPU。

- TJ-Max offset：用于微调 CPU 的安全温度参数值。该选项的默认值为 Auto。此选项仅开放给支持此功能的 CPU。

- Uncore Ratio（CPU Uncore 倍频调整）：用于调整 CPU Uncore 的倍频，该选项对应不同型号的 CPU 时，其参数会有所不同。

- Uncore Frequency：用于显示当前 CPU Uncore 的运行频率。

- CPU Flex Ratio Override：用于选择是否启动 CPU Flex Ratio 功能。如果 CPU Clock Ratio 设置为 Auto，则 CPU 可调整的最大倍频将依据 CPU Flex Ratio Settings 所设置的参数值进行调整。该选项的默认值为 Disabled。

- CPU Flex Ratio Settings：用于设置 CPU 的 Flex Ratio，该选项对应不同型号的 CPU 时，其参数会有所不同。

- Intel(R) Turbo Boost Technology：用于选择是否启动 Intel CPU 加速模式。该选项的默认值为 Auto。此选项仅开放给支持此功能的 CPU。

- Turbo Ratio：当启动的 CPU 核心数量有变化时，调整 CPU 的加速比率。该选项对应不同型号的 CPU 时，其参数会有所不同。该选项的默认值为 Auto。此选项仅开放给支持此功能的 CPU。

- Power Limit TDP (Watts) / Power Limit Time：用于设置 CPU 加速模式下的极限功耗及停留在该极限功耗的时间长度。当超过设置的参数值时，CPU 将自动降低运行频率，以减少耗电量。该选项的默认值为 Auto。

- Core Current Limit (Amps)：用于设置 CPU 加速模式下的极限电流。当 CPU 的电流超过设置的参数值时，CPU 将自动降低运行频率，以降低电流。该选项的默认值为 Auto。

- Turbo Per Core Limit Control：用于设置 CPU 每个核心的极限加速比率。该选项的默认值为 Auto。此选项仅开放给支持此功能的 CPU。

- No. of CPU Cores Enabled：当使用多核心技术的 Intel CPU 时，设置要启动的 CPU 核心数量，该选项对应不同型号的 CPU 时，其参数（可启动的 CPU 核心数量）会有所不同。该选项的默认值为 Auto。此选项仅开放给支持此功能的 CPU。

- Hyper-Threading Technology：当使用具备超线程技术的 Intel CPU 时，启动 CPU 超线程技术。需要注意，该选项只适用于支持多处理器模式的操作系统。该选项的默认值为 Auto。此选项仅开放给支持此功能的 CPU。

- Intel(R) Speed Shift Technology：用于选择是否启动 Intel Speed Shift 技术。Intel Speed Shift 技术可以缩短 CPU 时脉上升的时间，以加快系统的反应速度。该选项的默认值为 Disabled。此选项仅开放给支持此功能的 CPU。

- CPU Enhanced Halt (C1E)：用于选择是否启动 Intel CPU Enhanced Halt (C1E) 功能，即系统闲置状态时的 CPU 节能功能。启动该选项后，可以让系统在闲置状态时降低 CPU 时脉及电压，以减少耗电量。该选项的默认值为 Auto。此选项仅开放给支持此功能的 CPU。

- C3 State Support：用于选择是否让 CPU 进入 C3 状态。启动该选项后，可以让系统在闲置状态时降低 CPU 时脉及电压，以减少耗电量。与 C1 状态相比，C3 状态进入了更深层次的省电模式。该选项的默认值为 Auto。此选项仅开放给支持此功能的 CPU。

- C6/C7 State Support：用于选择是否让 CPU 进入 C6/C7 状态。启动该选项后，可以让系统在闲置状态时降低 CPU 时脉及电压，以减少耗电量。与 C3 状态相比，C6/C7 状态进入了更深层次的省电模式。该选项的默认值为 Auto。此选项仅开放给支持此功能的 CPU。

- C8 State Support：用于选择是否让 CPU 进入 C8 状态。启动该选项后，可以让系统在闲置状态时降低 CPU 时脉及电压，以减少耗电量。与 C6/C7 状态相比，C8 状态进入了更深层次的省电模式。该选项的默认值为 Auto。此选项仅开放给支持此功能的 CPU。

- C10 State Support：用于选择是否让 CPU 进入 C10 状态。启动该选项后，可以让系统在闲置状态时降低 CPU 时脉及电压，以减少耗电量。与 C8 状态相比，C10 状态进入了更深层次的省电模式。该选项的默认值为 Auto。此选项仅开放给支持此功能的 CPU。

- Package C State Limit：用于选择 CPU 的 C State 最高的等级。该选项的默认值为 Auto。此选项仅开放给支持此功能的 CPU。

- CPU Thermal Monitor：用于选择是否启动 Intel Thermal Monitor 功能（CPU 过温防护功能）。启动该选项后，可以在 CPU 温度过高时，降低 CPU 时脉及电压。该选项的默认值为 Auto。此选项仅开放给支持此功能的 CPU。

- Ring to Core Ratio Offset (Down Bin)：用于调整环形总线与核心倍频比。该选项的默认值为 Auto。

- CPU EIST Function：用于选择是否启动 Enhanced Intel Speed Step 技术。该技术能够根据 CPU 的负荷情况，有效地调整 CPU 的运行频率及核心电压，以减少耗电量，降低产生的热量。该选项的默认值为 Auto。此选项仅开放给支持此功能的 CPU。

- Race To Halt (RTH)/Energy Efficient Turbo：用于选择是否启动 CPU 省电功能。

- Voltage Optimization：用于选择是否启动最佳电压，以减少耗电量。该选项的默认值为 Auto。此选项仅开放给支持此功能的 CPU。

- Hardware Prefetcher：用于选择是否启动内存通道与高速缓存交错存取的功能（L2 Cache 硬件撷取功能）。该选项的默认值为 Auto。

- Adjacent Cache Line Prefetch：用于选择是否启动 CPU 邻近快取同步撷取功能（L2 Cache 相邻管线硬件撷取功能）。该选项仅对支持 CPU 邻近快取同步撷取功能的中央处理器有效。该选项的默认值为 Auto。

- Extreme Memory Profile (X.M.P.)：启动该选项后，BIOS 可读取规格为 XMP 的内存中的 SPD 数据，以强化内存性能。该选项的默认值为 Disabled，此外，还可以设置为 Profile1、Profile2。此选项仅开放给支持此功能的 CPU。

- System Memory Multiplier：用于调整内存的倍频。若该选项设置为 Auto，则 BIOS 依据内存的 SPD 数据进行自动设置。该选项的默认值为 Auto。

- Memory Ref Clock：用于手动调整内存参考频率。该选项的默认值为 Auto。

- Memory Odd Ratio(100/133 or 200/266)：启动该选项后，QCLK 能够在奇数频率下运行。该选项的默认值为 Auto。

- Memory Frequency(MHz)：用于调整内存时脉。其中，该选项的第一个参数值为内存时脉，第二个参数值则依据用户设置的 System Memory Multiplier 选项而定。

（2）Advanced Memory Settings。

① Extreme Memory Profile (X.M.P.)、System Memory Multiplier（内存倍频调整）、Memory Ref Clock、Memory Odd Ratio(100/133 or 200/266)、Memory Frequency(MHz)（内存时脉调整）：这些选项的含义与设置方式与 Advanced CPU Core Settings 中的有关选项是相同的，此处不再赘

述。这些选项仅开放给支持这些功能的 CPU。

② Memory Boot Mode:用于调整内存检测及性能强化设置。该选项的默认值为 Auto；此外，还可以设置为 Normal，表示 BIOS 自动执行内存检测及性能强化程序；设置为 Enable Fast Boot，表示省略部分内存检测及性能强化程序以加速内存启动流程；设置为 Disable Fast Boot，表示每次在开机阶段均执行内存检测及性能强化程序。此选项仅开放给支持此功能的 CPU。

注意：当设置为 Normal 时，若造成系统不稳定或无法开机，就请尝试清除 CMOS 的设定值，并将 BIOS 的设置恢复至出厂默认值。

③ Realtime Memory Timing：用于设置 BIOS 之后的内存时序调校功能。该选项的默认值为 Auto。

④ Memory Enhancement Settings：用于调整内存性能，该选项的默认值为 Normal（基本性能），此外，还可以设置为 Relax OC（缓速模式）、Enhanced Stability（增强稳定性）、Enhanced Performance（增强性能）。

⑤ Memory Timing Mode：该选项的默认值为 Auto，此外，还可以设置为 Manual 或 Advanced Manual。当该选项设置为 Manual 或 Advanced Manual 时，Memory Multiplier Tweaker、Channel Interleaving、Rank Interleaving 及内存时序调校功能将允许手动调整。

⑥ Profile DDR Voltage：使用不支持 XMP 规格（Intel 在 2007 年 9 月推出的内存认证规格）的内存或 Extreme Memory Profile (X.M.P.)。当该选项设置为 Disabled 时，选项内容会依据内存规格显示；当 Extreme Memory Profile (X.M.P.)选项设置为 Profile1 或 Profile2 时，该选项会依据 XMP 规格中内存的 SPD 数据显示。

⑦ Memory Multiplier Tweaker：用于提供不同等级的内存自动调校功能。该选项的默认值为 Auto。请注意，该选项仅开放给支持内存自动调校功能的 CPU 及内存。

⑧ Channel Interleaving：用于选择是否启动内存通道间交错存取功能。启动该功能后，可以让系统对内存的不同通道进行同时存取，以提升内存的运行速率及稳定性。该选项的默认值为 Auto。

⑨ Rank Interleaving：用于选择是否启动内存 Rank 的交错存取功能。启动该功能后，可以让系统对内存的不同 Rank 进行同时存取，以提升内存运行速率及稳定性。该选项的默认值为 Auto。

⑩ Channel A/B Memory Sub Timings：用于设置每个通道内存的时序。只有当 Memory Timing Mode 设置为 Manual 或 Advanced Manual 时，才能设置该选项。请注意，当设置完内存的时序后，可能出现系统不稳定或无法开机的情况，这里建议用户载入最佳设置或清除 CMOS 的设定值，并将 BIOS 的设置恢复至出厂默认值。

（3）Advanced Voltage Settings。

① Advanced Power Settings 中的 CPU Vcore Load-Line Calibration：用于设置 CPU Vcore 电压的 Load-Line Calibration 幅值。幅值越大，重载时的 CPU Vcore 电压与 BIOS 电压越一致。该选项的默认值为 Auto，当该选项设置为 Auto 时，BIOS 会依据 Intel 的相关规范调整电压。

② CPU Core Voltage Control：用于调整 CPU 电压。

③ Chipset Voltage Control：用于调整芯片组电压。

④ DRAM Voltage Control：用于调整内存电压。

⑤ Internal VR Control：用于调整内部 VR 电压。

（4）PC Health Status。

① Reset Case Open Status：用于重置机箱。该选项的默认值为 Disabled，表示保留之前机箱启动时的记录。此外，还可以设置为 Enabled，表示清除之前的机箱启动时的记录。

② Case Open：启动机箱。该选项可显示主板上的 CI 针脚通过机箱上的检测设备所检测到的机箱启动时的记录。如果计算机的机箱未启动，则该选项显示 No；如果计算机的机箱启动过，则该选项显示 Yes。如果用户希望清除之前机箱启动时的记录，则应当把 Reset Case Open Status 设置为 Enabled，并重新启动计算机。

③ CPU Vcore/CPU VCCSA/DRAM Channel A/B Voltage/+3.3V/+5V/+12V/CPU VAXG：检测系统电压，显示目前各部件的电压。

（5）Miscellaneous Settings。

① Max Link Speed：用于选择 PCI Express 插槽以何种模式运行，具体的运行模式有 Gen 1、Gen 2 和 Gen。选择运行模式时，应按照插槽的规格进行区分。该选项的默认值为 Auto。

② 3DMark2001 Enhancement：用于选择是否强化对早期硬件进行测试的软件的测试性能。该选项的默认值为 Disabled。

（6）Smart Fan 5 Settings。

① Monitor：用于选择要设置并监控的对象。该选项的默认值为 CPU Fan。

② Fan Speed Control：用于选择是否启动智能风扇的转速控制功能，用户可以修改该选项的设定值，以调整风扇的转速。该选项的默认值为 Normal，表示风扇的转速会依据温度变化而有所调整，并且，用户可以视个人需求，在 System Information Viewer 选项中适当调整风扇的转速；此外，还可以设置为 Silent，表示风扇低速运行；设置为 Manual，表示用户可以在曲线图中调整风扇的转速；设置为 Full Speed，表示风扇全速运行。

③ Fan Control Use Temperature Input：用于选择控制风扇转速的参考温度来源。

④ Temperature Interval：用于选择风扇转速的反应缓冲温度。

⑤ Fan/Pump Control Mode：用于设置智能风扇/水冷泵控制模式。该选项的默认值为 Auto，表示自动设置为最佳控制模式；此外，还可以设置为 Voltage，建议使用 3pin 的风扇/水冷泵时选择该模式；设置为 PWM，建议使用 4pin 的风扇/水冷泵时选择该模式。

⑥ Fan/Pump Stop：用于选择是否启动风扇/水冷泵停止运转功能。用户可以在曲线图中设置上限温度，当温度低于上限温度时，风扇/水冷泵将会停止运转。该选项的默认值为 Disabled。

⑦ Temperature：用于显示监控对象的当前温度。

⑧ Fan Speed：用于显示风扇/水冷泵的当前转速。

⑨ Flow Rate：用于显示水冷系统的当前流速。

⑩ Temperature Warning Control：用于设置过温警报的温度参数值。当温度超过该选项的设定值时，系统将发出警报声。该选项的默认值为 Disabled，此外，还可以设置为 60℃/140℉、70℃/158℉、80℃/176℉、90℃/194℉。

⑪ Fan/Pump Fail Warning：用于选择是否启动风扇/水冷泵的故障警报功能。启动该功能后，当风扇/水冷泵没有连接或出现故障时，系统会发出警报声，用户应检查风扇/水冷泵的连接或运行状况。该选项的默认值为 Disabled。

4．System 界面

System（系统信息设置）界面如图 3-1-32 所示，在该界面中，用户可以查看主板型号、BIOS 版本信息，选择系统语言，设置系统时间等。部分选项的含义如下。

（1）Access Level：根据操作者输入的密码，显示当前操作者的权限。若没有设置密码，将显示 Administrator（管理员）。拥有 Administrator 权限后，允许修改所有 BIOS 设置。拥有 User（用户）权限后，仅允许修改部分 BIOS 设置。

（2）System Language：用于选择 BIOS 设置程序所使用的语言。

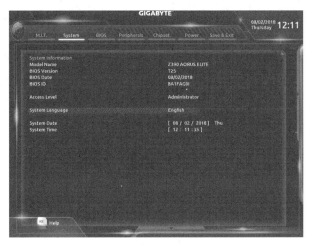

图 3-1-32　System 界面

（3）System Date：用于设置计算机的系统日期，格式为［月/日/年］星期（仅供显示）。若要切换"月""日""年"选项，则按 Enter 键，并按 PageUp 键或 PageDown 键修改参数值。

（4）System Time：用于设置计算机的系统时间，格式为［时：分：秒］。例如，下午一点显示为"13：00：00"。若要切换"时""分""秒"选项，则按 Enter 键，并按 PageUp 或 PageDown 键修改参数值。

5. BIOS 界面

BIOS（BIOS 功能设置）界面如图 3-1-33 所示，各选项的含义如下。

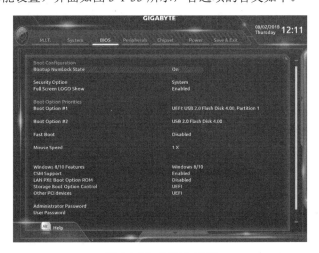

图 3-1-33　BIOS 界面

（1）Bootup NumLock State：用于设置开机时的 NumLock 键的状态。该选项的默认值为 On。

（2）Security Option：用于设置每次开机时是否需要输入密码，或者仅在进入 BIOS 设置程序时需要输入密码。该选项的默认值为 System，表示无论开机或进入 BIOS 设置程序，均需要输入密码；此外，还可以设置为 Setup，表示仅在进入 BIOS 设置程序时需要输入密码。设置完该选项后，请进入 Administrator Password/User Password 选项设置密码。

（3）Full Screen LOGO Show：用于选择开机时是否显示技嘉 Logo。该选项的默认值为 Enabled，此外，还可以设置为 Disabled，表示开机时不显示技嘉 Logo。

（4）Boot Option Priorities：用于在已连接的设备中设置开机顺序，系统会依此顺序开机。如果用户安装的是支持 GPT 格式的可卸除式储存设备，则该设备会注明"UEFI"；如果用户想通过支持 GPT 磁盘分割的系统开机，则可以选择标有"UEFI"的设备开机；如果用户想安装支持 GPT 格式的操作系统，如 64 位的 Windows 10，请选择存储 64 位的 Windows 10 的安装光盘并为光驱注明"UEFI"。

Hard Drive/CD ROM Drive/DVD ROM Drive/Floppy Drive/Network Device BBS Priorities：用于设置各类设备（包含硬盘、光驱、软盘驱动器及支持网络开机的设备）的开机顺序。按 Enter 键可进入该类设备的子选项，在子选项中会列出所有已安装的设备。该选项只有在至少安装一组设备时才出现。

（5）Fast Boot：用于启动快速开机功能以缩短进入操作系统的时间。该选项的默认值为 Disabled；此外，还可以设置为 Ultra Fast，表示以最快的速度开机。

SATA Support：该选项的默认值为 Last Boot HDD Only，表示关闭除上一次开机硬盘以外的所有 SATA 设备直到操作系统启动完成；此外，还可以设置为 All Sata Devices，表示在操作系统中和 POST 过程中，所有 SATA 设备均可使用。

该选项只有在 Fast Boot 被设置为 Enabled 或 Ultra Fast 时，才允许用户进行设置。

VGA Support：该选项的默认值为 EFI Driver，表示启动 EFI Option ROM；此外，还可以设置为 Auto，表示仅启动 Legacy Option ROM。

该选项只有在 Fast Boot 被设置为 Enabled 或 Ultra Fast 时，才允许用户进行设置。

USB Support：该选项的默认值为 Full Initial，表示在操作系统中和 POST 过程中，所有 USB 设备均可使用；此外，还可以设置为 Disabled，表示关闭所有 USB 设备直到操作系统启动完成；设置为 Partial Initial，表示关闭部分 USB 设备直到操作系统启动完成。

该选项只有在 Fast Boot 被设置为 Enabled 时，才允许用户进行设置。当 Fast Boot 被设置为 Ultra Fast 时，此选项会被强制关闭。

PS2 Devices Support：该选项的默认值为 Enabled，表示在操作系统中和 POST 过程中，所有 PS/2 设备均可使用；此外，还可以设置为 Disabled，表示关闭所有 PS/2 设备直到操作系统启动完成。

该选项只有在 Fast Boot 被设置为 Enabled 时，才允许用户进行设置。当 Fast Boot 被设置为 Ultra Fast 时，此选项会被强制关闭。

NetWork Stack Driver Support：该选项的默认值为 Disabled，表示关闭网络开机功能；此外，还可以设置为 Enabled，表示启动网络开机功能。

该选项只有在 Fast Boot 被设置为 Enabled 或 Ultra Fast 时，才允许用户进行设置。

Next Boot After AC Power Loss：该选项的默认值为 Normal Boot，表示遭遇断电后，重新开启计算机时，恢复正常开机功能；此外，还可以设置为 Fast Boot，表示遭遇断电后，重新开启计算机时，启动快速开机功能。

该选项只有在 Fast Boot 被设置为 Enabled 或 Ultra Fast 时，才允许用户进行设置。

（6）Mouse Speed：用于设置鼠标指针移动的速率。该选项的默认值为 1X。

（7）Windows 8/10 Features：用于选择安装的操作系统。该选项的默认值为 Windows 8/10。

（8）CSM Support：用于选择是否启动 UEFI CSM（Compatibility Support Module），以支持传统的计算机开机程序。该选项的默认值为 Enabled，表示启动 UEFI CSM；此外，还可以设置为 Disabled，表示关闭 UEFI CSM，仅支持 UEFI BIOS 开机程序。

（9）LAN PXE Boot Option ROM：内建网络开机功能，用于选择是否启动网络控制器的 Legacy Option ROM。该选项的默认值为 Disabled。

该选项只有在 CSM Support 被设置为 Enabled 时，才允许用户进行设置。

（10）Storage Boot Option Control：用于选择是否启动储存设备控制器的 UEFI 或 Legacy Option ROM。该选项的默认值为 UEFI，表示仅启动 UEFI Option ROM；此外，还可以设置为 Do Not Launch，表示关闭 Option ROM；设置为 Legacy，表示仅启动 Legacy Option ROM。

该选项只有在 CSM Support 被设置为 Enabled 时，才允许用户进行设置。

（11）Other PCI devices：用于选择是否启动除网络、储存设备及显示控制器外的 PCI 设备控制器的 UEFI 或 Legacy Option ROM。该选项的默认值为 UEFI，表示仅启动 UEFI Option ROM；此外，还可以设置为 Do Not Launch，表示关闭 Option ROM；设置为 Legacy，表示仅启动 Legacy Option ROM。

该选项只有在 CSM Support 被设置为 Enabled 时，才允许用户进行设置。

（12）Administrator Password：用于设置管理员密码。输入要设置的密码，按 Enter 键，再次输入相同的密码用于确认，按 Enter 键，设置完成。开机时，必须输入管理员密码或用户密码才能进入开机程序。与用户密码的差别在于，管理员密码允许操作者进入 BIOS 设置程序修改所有的选项。

如果操作者想取消管理员密码，可以在该选项中输入原来的密码，按 Enter 键，无须输入原来的密码，直接再次按 Enter 键，即可取消密码。

（13）User Password 用于设置用户密码。输入要设置的密码，按 Enter 键，再次输入相同的密码用于确认，按 Enter 键，设置完成。开机时，必须输入管理员密码或用户密码才能进入开机程序。与管理员密码的差别在于，用户密码仅允许操作者进入 BIOS 设置程序修改部分选项。

如果操作者想取消用户密码，可以在该选项中输入原来的密码，按 Enter 键，无须输入原来的密码，直接再次按 Enter 键，即可取消密码。

注意：设置 User Password 前，请先完成 Administrator Password 的设置。

（14）Secure Boot：用于选择是否启动 Secure Boot 并调整其设置。

该选项只有在 CSM Support 被设置为 Disabled 时，才允许用户进行设置。

6．Peripherals 界面

Peripherals（集成外设设置）界面如图 3-1-34 所示，各选项的含义如下。

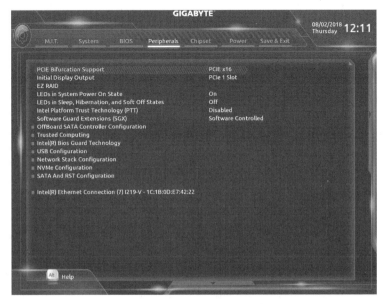

图 3-1-34 Peripherals 界面

（1）PCIE Bifurcation Support：用于选择 PCIE x16 插槽的分流模式。该选项的默认值为 PCIE x16，此外，还可以设置为 PCIE x8/x8、PCIE x8/x4/x4。

（2）Initial Display Output 用于选择开机时系统优先从何处输出（内建显示设备或 PCI Express 显卡）。该选项的默认值为 PCIe 1 Slot，表示系统从安装于 PCIE x16 插槽上的显卡输出；此外，还可以设置为 PCIe 2 Slot，表示系统从安装于 PCIE x4 插槽上的显卡输出；设置为 IGFX，表示系统从内建显示设备上输出。

（3）EZ RAID：用于快速建立磁盘阵列。

（4）LEDs in System Power On State：用于选择开机时是否启动主板灯号的显示模式。该选项的默认值为 On，表示开机时会启动主板灯号的显示模式；此外，还可以设置为 Off，表示开机时会关闭主板灯号的显示模式。

（5）LEDs in Sleep, Hibernation, and Soft Off States：用于选择当系统进入 S3/S4/S5 模式时，是否启动主板灯号的显示模式。该选项只有在 LEDs in System Power On State 被设置为 On 时，才允许用户进行设置。该选项的默认值为 Off，表示当系统进入 S3/S4/S5 模式时，会关闭主板灯号的显示模式；此外，还可以设置为 On，表示当系统进入 S3/S4/S5 模式时，会启动主板灯号的显示模式。

（6）Intel Platform Trust Technology (PTT)：用于选择是否启动 Intel PTT 功能。该选项的默认值为 Disabled。

（7）Software Guard Extensions (SGX)：用于选择是否启动 Intel Software Guard Extensions (Intel SGX)功能。该功能可以在安全环境中提供合法的软件以便执行，从而避免恶意软件的攻击。该选项的默认值为 Software Controlled，表示能在 Intel 提供的程序中启动或关闭 Intel Software Guard Extensions 功能。

（8）OffBoard SATA Controller Configuration：用于列出连接的 M.2 PCI Express SSD 设备的相关信息。

（9）Trusted Computing：用于选择是否启动安全加密模块（TPM）功能。

（10）Intel(R) Bios Guard Technology：用于选择是否启动 Intel BIOS Guard 功能，该功能有助于保护 BIOS，避免遭受恶意攻击。

（11）USB Configuration。

① Legacy USB Support：用于选择是否在 MS-DOS 下使用 USB 键盘或鼠标。该选项的默认值为 Enabled。

② XHCI Hand-off：用于选择是否针对不支持 XHCI Hand-off 功能的操作系统强制启动该选项，以开启 XHCI Hand-off 功能。该选项的默认值为 Disabled。

③ USB Mass Storage Driver Support：用于选择是否支持 USB 储存设备。该选项的默认值为 Enabled。

④ Port 60/64 Emulation：用于选择是否启动对 I/O 接口 60h/64h 的模拟支持。该选项被启用后，可以让原本不支持原生 USB 的操作系统完全支持 USB 键盘。该选项的默认值为 Enabled。

⑤ Mass Storage Devices：用于列出连接的 USB 储存设备，该选项只有在连接 USB 储存设备时，才允许用户进行设置。

（12）Network Stack Configuration。

① Network Stack：用于选择是否通过网络开机功能（如 Windows Deployment Services 服务器）安装支持 GPT 格式的操作系统。该选项的默认值为 Disabled。

② Ipv4 PXE Support：用于选择是否启动 IPv4（互联网通信协议第 4 版）的网络开机功能。该选项只有在 Network Stack 被设置为 Enabled 时，才允许用户进行设置。

③ Ipv4 HTTP Support：用于选择是否启动 IPv4 HTTP 的网络开机功能。该选项只有在

Network Stack 被设置为 Enabled 时，才允许用户进行设置。

④ Ipv6 PXE Support：用于选择是否启动 IPv6（互联网通信协议第 6 版）的网络开机功能。该选项只有在 Network Stack 被设置为 Enabled 时，才允许用户进行设置。

⑤ Ipv6 HTTP Support：用于选择是否启动 IPv6 HTTP 的网络开机功能。该选项只有在 Network Stack 被设置为 Enabled 时，才允许用户进行设置。

⑥ IPSEC Certificate：用于选择是否启动互联网安全协议。该选项只有在 Network Stack 被设置为 Enabled 时，才允许用户进行设置。

⑦ PXE boot wait time：用于设置等待的时长，以便操作者按 Esc 键结束 PXE 开机程序。该选项只有在 Network Stack 被设置为 Enabled 时，才允许用户进行设置。该选项的默认值为 0。

⑧ Media detect count：用于设置检测媒体的次数。该选项只有在 Network Stack 被设置为 Enabled 时，才允许用户进行设置。该选项的默认值为 1。

（13）NVMe Configuration：用于列出连接的 M.2 NVME PCI Express SSD 设备的相关信息。

（14）SATA And RST Configuration。

① SATA Controller(s)：用于选择是否启动芯片组的 SATA 控制器。该选项的默认值为 Enabled。

② SATA Mode Selection：用于选择是否启动芯片组内建 SATA 控制器的 RAID 功能。该选项的默认值为 AHCI，表示将 SATA 控制器设置为 AHCI 模式。AHCI （Advanced Host Controller Interface）可以让储存驱动程序启动进阶 Serial ATA 功能，如 Native Command Queuing 及热插拔（Hot Plug）等；此外，还可以设置为 Acceleration，表示启动 SATA 控制器的 RAID 功能。

③ Aggressive LPM Support：用于选择是否启动芯片组内建 SATA 控制器的 ALPM（Aggressive Link Power Management）省电功能。该选项的默认值为 Enabled。

④ Port 0/1/2/3/4/5：用于选择是否启动各 SATA 接口。该选项的默认值为 Enabled。

⑤ Hot plug：用于选择是否启动 SATA 接口库的热插拔功能。该选项的默认值为 Disabled。

⑥ Configured as eSATA：用于选择是否启动支持外接 SATA 设备功能。

（15）Intel(R) Ethernet Connection：用于提供网络接口的程序信息及相关设置。

7. Chipset 界面

Chipset（界面芯片组设置）界面如图 3-1-35 所示，各选项的含义如下。

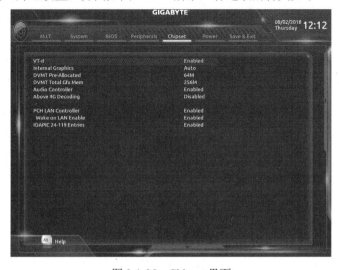

图 3-1-35　Chipset 界面

（1）VT-d（虚拟化技术）：用于选择是否启动 Intel Virtualization for Directed I/O。该选项的默认值为 Enabled。

（2）Internal Graphics：用于选择是否启动主板内建显示功能。该选项的默认值为 Auto。

（3）DVMT Pre-Allocated（选择显示内存大小）：用于选择内建显示功能所需要的显示内存大小。该选项的默认值为 64M，设置范围是 32M～1024M。

说明：该选项的默认值 64M 指 64MB，设置范围 32M～1024M 指 32MB～1024MB。

（4）DVMT Total Gfx Mem：用于选择分配给 DVMT 所需要的内存大小。该选项的默认值为 256M；此外，还可以设置为 128M 或 MAX。

说明：该选项的默认值 256M 指 256MB，参数值 128M 指 128MB。

（5）Audio Controller：用于选择是否启动主板内建音频功能。该选项的默认值为 Enabled；若操作者想安装其他厂商的声卡，则必须将该选项设置为 Disabled。

（6）Above 4G Decoding：针对 64 位的设备，用于启动或关闭 4 GB 以上的内存空间。外接多张高阶显卡时，由于 4 GB 以下的内存空间不足，造成进入操作系统时无法启动驱动程序，可启动该选项。该选项只能用于 64 位操作系统。该选项的默认值为 Disabled。

（7）PCH LAN Controller：用于选择是否启动主板内建网络功能。该选项的默认值为 Enabled；若操作者想安装其他厂商的网卡，则必须将该选项设置为 Disabled。

（8）Wake on LAN Enable：用于选择是否启动网络开机功能。该选项的默认值为 Enabled。

（9）IOAPIC 24-119 Entries：用于选择是否启动 IRQ24-119 硬件中断性访问入口。该选项的默认值为 Enabled。该选项仅对支持 IRQ24-119 硬件中断性访问功能的 CPU 有效。

8．Power 界面

Power（省电功能设置）界面如图 3-1-36 所示，各选项的含义如下。

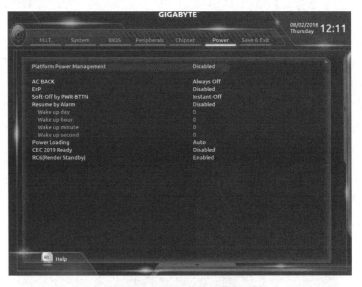

图 3-1-36　省电功能设置界面

（1）Platform Power Management：用于选择是否启动系统主动式电源管理模式（Active State Power Management，ASPM）。该选项的默认值为 Disabled。

① PEG ASPM：用于控制连接 CPU PEG 通道的设备的 ASPM 模式。该选项只有在 Platform Power Management 被设置为 Enabled 时，才允许用户进行设置。该选项的默认值为 Disabled。

② PCH ASPM：用于控制连接芯片组 PCI Express 通道的设备的 ASPM 模式。该选项只有在 Platform Power Management 被设置为 Enabled 时，才允许用户进行设置。该选项的默认值为 Disabled。

③ DMI ASPM：用于同时控制 CPU 及芯片组 DMI Link 的 ASPM 模式。该选项只有在 Platform Power Management 被设置为 Enabled 时，才允许用户进行设置。该选项的默认值为 Disabled。

（2）AC BACK：用于选择电源断电后并再次恢复供电时的系统状态。该选项的默认值为 Always Off，表示电源断电后并再次恢复供电时，系统将维持关机状态，操作者只有按电源键才能重新启动系统；此外，还可以设置为 Always On，表示电源断电后并再次恢复供电时，系统将立即启动；设置为 Memory，表示电源断电后并再次恢复供电时，系统将恢复至断电前的状态。

（3）ErP：用于选择是否将系统关机（S5 待机模式）时的耗电量调至最低。该选项的默认值为 Disabled。

注意：当启动该选项后，以下功能将失效：定时开机功能、电源管理事件唤醒功能、鼠标开机功能、键盘开机功能、网络唤醒功能。

（4）Soft-Off by PWR-BTTN：用于选择 MS-DOS 的电源键关机方式。该选项的默认值为 Instant-Off，表示按一次电源键即可立即关闭电源；此外，还可以设置为 Delay 4 Sec.，表示持续按电源键 4 秒以上才能关闭电源，若按键时间少于 4 秒，系统将进入暂停模式。

（5）Resume by Alarm：用于选择是否允许系统在特定的时间自动开机。该选项的默认值为 Disabled；若启动定时开机功能，则可以按照以下参数进行设置。

① Wake up day 设置为 0，表示每天定时开机。

② Wake up day 设置为 1～31 之间的某个参数值，表示于每个月的某天定时开机。

③ Wake up hour 设置为 0～23 之间的某个参数值，表示于某时定时开机时间。

④ Wake up minute 设置为 0～59 之间的某个参数值，表示于某分定时开机时间。

⑤ Wake up second 设置为 0～59 之间的某个参数值，表示于某秒定时开机时间。

注意：启动定时开机功能后，应避免非正常关机或断电。

（6）Power Loading：用于选择是否启动或关闭虚拟负载。该选项的默认值为 Auto；此外，当电源供应器因负载过低造成断电或死机等现象时，请将该选项设置为 Enabled。

（7）CEC 2019 Ready：用于选择当系统处于关机、闲置和待机模式时，是否调整其用电量，以符合 CEC 2019 规范（California Energy Commission Standards 2019）。该选项的默认值为 Disabled。

（8）RC6(Render Standby)：用于选择是否让内建显示功能进入省电状态，以减少耗电量。该选项的默认值为 Enabled。

9. Save & Exit 界面

Save & Exit（储存设置并结束设置）界面如图 3-1-37 所示，各选项的含义如下。

（1）Save & Exit Setup：用于储存设置并结束设置。按 Enter 键后选择 Yes 选项即可储存所有设置并离开 BIOS 设置程序；若不想储存设置，则选择 No 选项或按 Esc 键即可返回 Save & Exit 界面。

（2）Exit Without Saving：用于结束设置但不储存设置。按 Enter 键后选择 Yes 选项，BIOS 不会储存本次修改的设置，并直接离开 BIOS 设置程序；选择 No 选项或按 Esc 键即可返回 Save & Exit 界面。

（3）Load Optimized Defaults：用于载入最佳预设值。按 Enter 键后选择 Yes 选项，即可载入 BIOS 出厂预设值。开启此功能后，可载入 BIOS 的最佳预设值。此预设值可以充分发挥主板的性能。在刷新 BIOS 或清除 CMOS 数据后，请务必开启此功能。

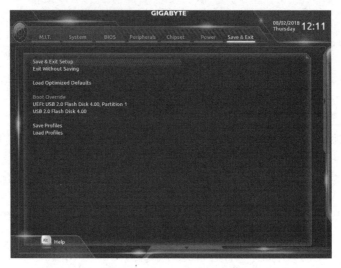

图 3-1-37　Save & Exit 界面

（4）Boot Override：用于选择开机设备。在该选项下方，会列出所有开机设备，操作者可选择需要的设备，并按 Enter 键，然后在确认信息提示框中选择 Yes 选项，系统会立刻重启，并从选择的设备开机。

（5）Save Profiles：用于将设置好的 BIOS 参数储存为一个 CMOS 设置文件（Profile），系统允许创建 8 组设置文件，即 Profile 1～Profile 8。操作者可以选择 Profile 1～Profile 8 中的任意一组储存当前的 BIOS 参数，并按 Enter 键进行保存。操作者也可以选择 Select File in HDD/FDD/USB 选项，将设置文件复制并粘贴到储存设备中。

（6）Load Profiles：当系统因运行异常而重新载入 BIOS 出厂预设值时，可以开启此选项，载入预存的 CMOS 设置文件，从而避免重新设置 BIOS 参数。操作者可选择要载入的 CMOS 设置文件，并按 Enter 键，即可载入该设置文件。此外，操作者也可以选择 Select File in HDD/FDD/USB 选项，从储存设备中复制其他设置文件，或者载入 BIOS 自动储存的设置文件（比如上次开机时的状态良好，其设置文件可以使用）。

任务 3.2　刷新 BIOS

 任务描述

智博公司有一台比较陈旧的台式计算机，该台式计算机虽然装有 Award BIOS，但不能很好地支持新设备，其硬件兼容性能也不强。智博公司网管中心的负责人在某主板厂商的网站看到厂商发布了有关该台式计算机主板的最新的 BIOS 程序，现委托你刷新 BIOS。

 任务分析

首先，登录主板厂商的网站，下载最新的 BIOS 程序和 BIOS 刷新程序，并且存储在 FAT32 分区，这里建议存储在 C:\bios 文件夹中；其次，找一张具有 DOS 启动功能的光盘/U 盘，修改 BIOS 的设备启动顺序，将光驱/U 盘设置为第一启动设备；最后，通过光盘/U 盘引导到 DOS，运行 awdflash.exe 程序，并按照系统提示进行 BIOS 备份和刷新。

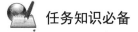 任务知识必备

3.2.1 BIOS 刷新概述

BIOS 刷新程序是专门用于刷新主板 BIOS 的程序。请读者注意，一定要用原厂的 BIOS 刷新程序，读者可登录厂商的官方网站下载 BIOS 刷新程序。

读者应当注意，高版本的 BIOS 刷新程序未必是最好的。选择 BIOS 刷新程序的版本时，要根据计算机已有的 BIOS 进行判断，从而选择合适的 BIOS 刷新程序。如果运行 BIOS 刷新程序时检测不到 BIOS 芯片型号及主板芯片组型号，则一定不要实施备份或刷新操作，必须更换为合适的 BIOS 刷新程序的版本。

Award BIOS 的刷新程序为 awdflash.exe，Award BIOS 的程序文件都是以 ".bin" 为扩展名的。用户可以在命令提示符窗口中直接使用带参数的 awdflash **.bin /cc/cp/cd 命令进入备份 BIOS 界面，此外，还可以使用 awdflash new.bin /cc/cd/cp/sn/py 命令自动完成 BIOS 的刷新操作并重新启动计算机。但是，需要确保使用的刷新文件完全匹配 awdflash old.bin /cc/cp/cd，（BIOS 文件名与参数之间必须留有一个空格），然后按提示操作即可。

3.2.2 Award BIOS DOS 版刷新程序的命令

Award BIOS DOS 版的刷新程序为 awdflash.exe，常用命令的含义如下。

（1）/?：显示帮助信息。

（2）/PY 或/PN：用于选择刷新 BIOS。该命令的默认值为/PY。使用/PN 可以禁止 Flash ROM 被更新，这样就可以仅保存当前版本的 BIOS，或者得到校验值后再刷新 BIOS。

（3）/SY or /SN：用于选择保存旧版本的 BIOS。通常，使用/SY 保存旧版本的 BIOS。在批处理文件的过程中，使用/SN 可以自动刷新 BIOS 而不必让用户进行选择。

（4）/CC：刷新完 BIOS 后，清空 CMOS 设置信息。通常，新版本的 BIOS 可能与原来的 CMOS 设置有所不同，所以，使用该命令可以避免出现一些的意想不到的问题。当然，也可以不使用该命令，当刷新完 BIOS 后，先关闭计算机，再清空主板上的 CMOS 跳线即可。相比而言，前者操作起来更简单。

（5）/CP：刷新 BIOS 后，清空 PnP（ESCD）数据信息。一般的 PnP 设备的信息都储存在 ESCD 中。/CP 命令的执行效果等同于重置 CMOS 设置中的 PnP/PCI 配置数据。该命令对于安装了新的符合 PnP 规范的板卡有着特殊的意义。

（6）/CD：刷新 BIOS 后，清空 DMI 数据信息。单从字面上理解，DMI 就是一个数据库，容纳了系统的所有信息。使用该命令比使用/CP 和/CC 命令更有效，特别是在多个系统设备改变的情况下，建议使用/CD 命令。

（7）/SB：不刷新 BootBlock。BootBlock 是系统启动时首先被定位的单元，一般不需要更改，除非主板制造商特别说明，一般情况下，无须刷新 BootBlock。特别是当 BIOS 刷新失败后，通过软件恢复 BIOS 需要 BootBlock。目前，部分主板有 BootBlock 保护跳线。当 BootBlock 保护跳线起作用时，如果没有使用/SB 命令刷新 BIOS，那么系统在刷新 BIOS 时有可能出现错误。

（8）/SD：将 DMI 数据信息储存为一个文件。

（9）/R：刷新 BIOS 后，系统自动重新启动。该命令在批处理文件时特别有用。

（10）/Tiny：用于调用少量内存。若不使用该命令，则 AwardFlash 工具会把所有需要写入 BIOS 的文件都提前储存到内存中。如果读者看到提示信息"Insufficient Memory"（内存不足），那么使用该命令有可能解决相关问题。使用该命令时，刷新程序将逐步调用 BIOS。

（11）/E：刷新 BIOS 后，返回 DOS。例如，需要确认旧版本的 BIOS 是否被保存。

（12）/LD：刷新 BIOS 后，清空 CMOS 设置信息，并且不显示提示信息"Press F1 to continue or DEL to setup"。与/CC 命令有所不同，使用/LD 命令清空 CMOS 设置信息后，下次启动计算机时不显示提示信息，即使用默认的设定值。

（13）/CKS：校验文件，其校验的结果将以十六进制数（××××H）表示。

（14）/CKSxxxx：用××××H 的参数值对比校验结果。如果校验结果不同，将看到提示信息"The program file's part number does not match with your system"，在主板厂商的官方网站一般可以查询到××××H 的参数值。

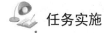 **任务实施**

（1）到主板厂商的官方网站下载 Award BIOS 的刷新程序和 BIOS 程序（命名为 new.bin），保存在硬盘的 FAT32 分区 C:\bios 目录中，如图 3-2-1 所示。

（2）重新启动计算机，修改 BIOS，将第一启动设备设置为光驱/U 盘，DOS 引导提示界面如图 3-2-2 所示。

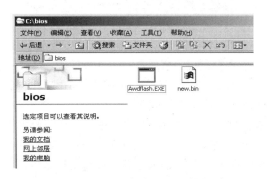
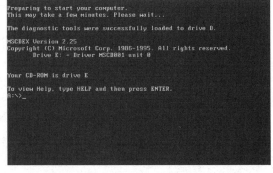

图 3-2-1　存储 BIOS 刷新程序　　　　　图 3-2-2　DOS 引导提示界面

（3）使用 DOS 命令切换到 C 盘的 bios 目录，如图 3-2-3 所示。

输入"c:"，按 Enter 键，切换到 C 盘；输入"cd bios"，进入 bios 目录。

（4）输入"awdflash.exe"如图 3-2-4 所示。

（5）awdflash.exe 的主界面如图 3-2-5 所示。在该界面中，显示了 awdflash.exe 的版本号、BIOS 的版本号，以及最近的 BIOS 刷新日期。

另外，File name to Program 文本框用于输入刷新程序的名称，扩展名为".bin"。

（6）输入刷新程序的名称，如图 3-2-6 所示。

同时，系统提示是否备份旧版本的 BIOS 文件，输入"Y"表示备份；输入"N"表示不备份。这里建议读者进行备份操作。

（7）输入"Y"后，系统提示输入备份文件的名称，如 old.bin，如图 3-2-7 所示。

（8）备份文件被保存在当前目录中，BIOS 备份界面如图 3-2-8 所示。

图 3-2-3 切换到 C 盘的 bios 目录 图 3-2-4 输入 "awdflash.exe"

图 3-2-5 awdflash.exe 的主界面 图 3-2-6 输入刷新程序的名称

图 3-2-7 输入备份文件的名称 图 3-2-8 BIOS 备份界面

（9）需要读者注意，刷新 BIOS 前，刷新程序会对新的 BIOS 程序与原主板进行校验，如果屏幕出现如图 3-2-9 所示的 "The program file's part number does not match with your system！"提示信息时，则应立即放弃刷新操作，因为经过校验后，刷新程序认为该 BIOS 程序中的指令并不适用于当前主板，强行刷新 BIOS 后会出现不可预见的问题，从而导致系统崩溃。

（10）系统询问是否把刷新 BIOS 的程序代码写入 BIOS ROM 中，输入"Y"后，将执行写入操作。

（11）刷新确认提示界面如图 3-2-10 所示。

在刷新过程中，有两个进度条，包含三种提示颜色：白色进度条为刷新完成的部分，蓝色进度条为不需要刷新的部分，红色进度条为刷新错误的部分，如图 3-2-11 所示。若在刷新 BIOS 的过程中出现红色进度条，则不要轻易重新启动计算机，一定要退出刷新程序，重新进行刷新操作，直到其完全正确为止。在刷新 BIOS 的过程中，避免断电或重启计算机，否则系统将彻底崩溃。BIOS 刷新完成后，若刷新操作完全正确，按 F1 键重启计算机。若在刷新 BIOS 的过程中存在一些错误或不妥之处，先按 F10 键退出，返回 DOS 引导提示界面，再按照上述步骤重新实施刷新操作。

（12）刷新完成后，重启计算机，进入 C 盘的 bios 目录进行验证，新程序文件和旧程序文件如图 3-2-12 所示。

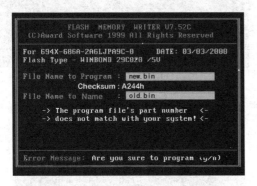

图 3-2-9　BIOS 程序不匹配提示界面

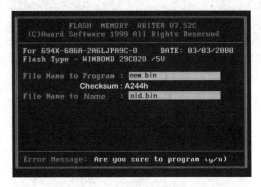

图 3-2-10　刷新确认提示界面

图 3-2-11　BIOS 刷新界面

图 3-2-12　新程序文件和旧程序文件

任务拓展

基于 Windows 的 BIOS 升级与刷新

1. 概述

目前，多数 BIOS 已经支持在 Windows 中进行升级与刷新，如 Award BIOS 的 WinFlash，AMI BIOS 的 AFUWIN，Phoenix BIOS 的 Phoenix Secure WinFlash 等，有些主板厂商（如华硕、技嘉等）提供自产主板的专用 BIOS 刷新程序。

2. Award BIOS 的 WinFlash 备份升级演示

WinFlash 的主界面如图 3-2-13 所示。在该界面中，指定刷新模块，配置刷新模块的显示模块。BootBlock 原本是引导模块，但此处最好不要刷新，否则系统可能无法引导。

执行菜单命令，备份旧版本的 BIOS，然后指定保存位置和程序名称。WinFlash 的"保存BIOS"对话框如图 3-2-14 所示。

执行菜单命令，刷新 BIOS，然后指定新版本的 BIOS。WinFlash 的"更新 BIOS"对话框如图 3-2-15 所示。

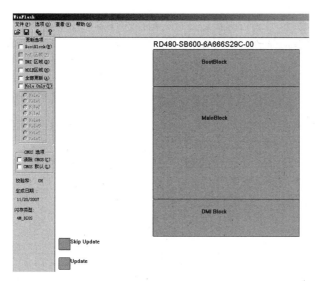

图 3-2-13 WinFlash 的主界面

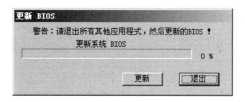

图 3-2-14 WinFlash 的 "保存 BIOS" 对话框　　　图 3-2-15 WinFlash 的 "更新 BIOS" 对话框

项目实训　综合应用 BIOS

 项目描述

公司购买了 3 台新计算机，但没有进行任何设置，第一台计算机（PC1）使用了 AMI BIOS，第二台计算机（PC2）使用了 Phoenix-Award BIOS，第三台计算机（PC3）使用了 Phoenix BIOS。现要求在 BIOS 中核对三台计算机的 CPU、内存、硬盘信息；设置三台计算机的日期、时间、BIOS 验证密码、开机验证密码；第一启动设备均设置为光驱；同时，有一台旧计算机（PC4）的 BIOS 为 Phoenix-Award BIOS，需要刷新 BIOS 程序。

 项目要求

（1）根据 PC1、PC2、PC3 的三个不同版本的 BIOS 信息，查看 CPU、硬盘、内存配置。
（2）分别设置 PC1、PC2、PC3 的日期、时间、BIOS 验证密码、开机验证密码、第一启动设备，并核对其设置。
（3）到主板厂商的官方网站下载 BIOS 程序和刷新程序，并进行刷新操作。

 项目提示

本项目涉及的内容较多，需要设置多种 BIOS 程序，要求计算机维护人员有一定的英语阅读

能力。本项目实训是计算机组装与维护的高级应用，对计算机维护人员提出了较高的要求。通过学习与实施本项目，读者应学会自如应对常见的 BIOS 设置问题，以及掌握 BIOS 的升级和刷新操作。

 项目实施

本项目可在有网络条件的计算机实训室进行，要求配备含 DOS 的启动光盘/U 盘，项目实施时间为 60 分，采用 3 人一组的方式进行操作，每组的任务可自行分配。

通过实施本项目，可巩固学生所学的知识和技能，促进学生将知识点融会贯通，加强学生的团队协作能力，培养学生的职业素养，提高学生的职业技能水平。

 项目评价

项目实训评价表

内 容	评 价		
知识和技能目标	3	2	1
职业能力 了解常见的 BIOS 程序			
理解 BIOS 的主要功能			
熟练使用 AMI BIOS			
熟练使用 Phoenix-Award BIOS			
熟练使用 Phoenix BIOS			
通用能力 语言表达能力			
组织合作能力			
解决问题能力			
自主学习能力			
创新思维能力			
综合评价			

制作启动 U 盘

启动 U 盘是操作系统和维护工具的主要载体，通过它可以将操作系统安装到目标计算机的本地硬盘，修改本地硬盘的分区，并且当本地硬盘操作系统崩溃时，加载 Windows PE 等以 U 盘为载体的系统，实现本地数据的转移，修复本地硬盘分区表等。

 知识目标

了解启动 U 盘的工作原理。

熟悉常用的启动 U 盘制作工具。

 技能目标

制作启动 U 盘。

 **思政目标**

以国产启动 U 盘制作软件为例，介绍我国的科技创新，培养学生的爱国情怀、自信心和民族自豪感。

通过讲解计算机启动盘的理论知识，使学生认识到事物由低级到高级的发展规律，懂得用发展的眼光看待问题、理解问题、解决问题。

任务 4.1 制作启动 U 盘

 任务描述

小董是某公司的计算机维护人员，由于工作原因，需要经常开展安装计算机系统和维护计算机系统等工作。但是，公司为了节省成本，所配置大部分计算机未装载光驱。面对如此状况，小董维护计算机时经常需要拆装机箱，于是她考虑，有没有可以使用的启动 U 盘呢？

 任务分析

计算机可以从多种设备引导，如硬盘、光盘、U 盘等，特别是近几年生产的计算机基本都支持 U 盘启动。U 盘价格便宜，存储容量大，可反复读写，携带方便，并且如今的启动 U 盘制作工具基本可以实现一键制作的流程。因此，对计算机维护人员而言，制作和使用启动 U 盘是提高工作效率的有效方式。

 任务知识必备

4.1.1 常用的启动 U 盘制作工具

常用的启动 U 盘制作工具有 U 启动、大白菜、老毛桃、深度、电脑店等。

4.1.2 U 盘启动原理

（1）U 盘启动计算机的顺序如下。

插入 U 盘→开机设定从 U 盘启动→计算机 BIOS 查找/识别 U 盘及引导信息→加载 U 盘引导器→进入 U 盘功能菜单→选择执行特定功能。

（2）制作启动 U 盘的关键步骤如下。

初始化 U 盘、配置 U 盘引导信息、编制 U 盘功能菜单、准备必要的程序和工具软件等。当然，如今的启动 U 盘制作工具已经集成了上述步骤。

（3）U 盘的启动模式。

U 盘可以制作成 USB-CDROM、USB-ZIP（USB-FDD）、USB-HDD 三种模式，通过主机 BIOS 的支持，仿真为硬盘/软盘/光盘，启动计算机。

USB-CDROM：USB-CDROM 模式标准统一（很少存在主机 BIOS 差异），并且数据能够得到保护，但不被某些机器支持（如部分笔记本电脑不支持）。

USB-ZIP（USB-FDD）：USB-ZIP（USB-FDD）模式是传统台式计算机的首选方向，其适用范围较广。ZIP 驱动器不是一个非常流行的设备，导致现行的 BIOS 对 USB-ZIP 的支持没有统一的规范，给此模式的启动 U 盘设计工作带来了很多障碍。

USB-HDD：USB-HDD 模式是硬盘仿真模式，此模式兼容性很高。但对于一些只支持 USB-ZIP 模式的计算机，则无法使用 USB-HDD 模式。与 USB-ZIP 模式一样，USB-HDD 模式不便于数据保护。不过，从功能、兼容性、可操作性等方面综合考虑，USB-HDD 模式可以说是比较理想的选择。

4.1.3 U 盘量产

（1）概述。

U 盘量产即 U 盘批量生产，是 U 盘出厂前的最后一道工序，U 盘生产出来后，并不能直接使用，要经过一道名为烧录的工序，格式化存储芯片，并将一些初始化程序装入 U 盘的主控芯片中，这些程序决定了拿到我们手上的 U 盘可以如何使用，如原始分区、密码保护等功能。而在现实生活中，制作启动 U 盘也用到量产。

U 盘由主控芯片、缓存芯片（可能内置到主控）、FLASH 存储芯片、电压转换芯片（可选）及一些电容、电阻组成。主控芯片控制整个 U 盘读写、存储及其他一些辅助功能，存储芯片担当数据存储任务。

量产需要识别 U 盘的主控芯片。一般使用 ChipGenius 软件查看，并且下载相关的量产工具。当然，在这里提醒读者，要购买原厂的正品 U 盘。U 盘在量产前先要确定其主控芯片，确定之后才能找到合适的量产工具。常见的主控芯片品牌有群联、慧荣、联阳、擎泰、鑫创、安国、芯邦、联想、迈科微、朗科、闪迪。这些品牌是可以通过 ChipGenius 检测出的。

如果 U 盘出现故障，有时只需进行"量产"操作，就可以修复。量产 U 盘时应谨慎，需要注意的是，量产会抹除 U 盘中原有的全部数据。

（2）量产的作用。

① 更改 U 盘模式：使其可以仿真为硬盘（FIXED、USB-HDD），软盘（REMOVABLE、USB-FDD/USB-ZIP）或光盘（USB-CDROM）；多数 U 盘经过量产后，可以同时具备硬盘/软盘/光盘中两种以上模式。

② 进行 U 盘分区：随着 U 盘容量越做越大，分区使用将成为必然的趋势。

③ 保护 U 盘数据：因为 U 盘容易遗失，使用场合复杂，并且大部分 U 盘不具备写保护功能，所以 U 盘非常容易受到各类病毒的侵扰。我们可以通过量产，将 U 盘或其中的某些分区设置为只读、加密或隐藏。这样做是因为目前缺乏真正可靠的 U 盘保护软件，所以保护数据非常关键。

④ 提升 U 盘的传输速率：某些 U 盘在量产后，其传输速率会有明显提高。

⑤ 低级格式化 U 盘：低级格式化 U 盘可以将 U 盘恢复到出厂状态，甚至能隔离 U 盘中的坏块。

⑥ 加速 BIOS 识别 U 盘模式：USB 主控芯片中有一个标志位，用于标记磁盘类型（REMO-VABLE 或 FIXED）。用普通方式制作 USB-HDD 模式的 U 盘，经常被 BIOS 误识别为仿真软盘，而量产 U 盘，因为写入了标志位，所以一般能被 BIOS 正确识别。这就为成功制作 USB-HDD 模式的 U 盘减少了很多麻烦。

任务实施

系统文件一般有两种格式：ISO 格式和 GHO 格式。

系统文件分为原版 ISO 系统文件和 Ghost 封装系统文件。如果用解压软件 WinRAR 解压系统文件后出现 GHO 格式文件（在 Windows 7 中，该文件一般大于 2GB；在 Windows 10 中，该文件一般大于 4GB），那么该系统文件为 Ghost 封装系统文件，通常情况下，智能装机软件支持 Ghost 还原安装。如果解压后没有 GHO 格式文件，那么该系统文件为原版 ISO 系统文件，应当采用安装原版 Windows 7、Windows 10 的方法进行安装。

拓展阅读资料　　　　　　　　　　　　　　　微课视频

制作启动 U 盘　　　　　　　　　　　　　　制作启动 U 盘

1．制作前的软件、硬件准备

（1）1 个 U 盘（建议使用容量为 8GB 以上的 U 盘，以便存储多个系统镜像文件等），并提前备份好 U 盘的数据。

（2）下载并安装"大白菜超级 U 盘启动制作工具"。

（3）下载 Ghost 封装的 Windows 7 和 Windows 10。

2．用"大白菜超级 U 盘启动制作工具"制作启动 U 盘

（1）运行程序前，请尽量关闭杀毒软件和安全类软件（本软件涉及对可移动磁盘的读写操作，部分杀毒软件的误报会导致程序出错）。

打开"大白菜超级 U 盘启动制作工具"，界面如图 4-2-1 所示。该软件可以制作启动 U 盘、ISO 文件、个性化启动文件等。

（2）插入 U 盘，软件提示检测到 U 盘，如图 4-2-2 所示，在"写入模式"选项中设置 U 盘的写入模式（HDD-FAT32、HDD-FAT16、ZIP-FAT32、ZIP-FAT16）。若无特殊需求，则建议选择 HDD 写入模式，该模式的兼容性更好。

图 4-2-1　"大白菜超级 U 盘启动制作工具"界面　　　　图 4-2-2　检测到 U 盘

注意：小于 4GB 的 U 盘建议设置为 FAT16 文件系统，大于 4GB 的 U 盘建议设置为 FAT32 文件系统。

（3）单击"开始制作"按钮，如图 4-2-3 所示，出现"警告信息"对话框，请确认所选 U 盘的原始数据已经备份，再单击"确定"按钮开始制作。在制作过程中，不要进行其他操作，以免造成制作失败，其间可能出现短暂的停顿，请耐心等待几秒。

（4）软件初始化后对 U 盘进行分区，并将 U 盘的分区隐藏，如图 4-2-4 所示为按用户预设的文件系统和写入模式创建 UD 分区。

图 4-2-3　"警告信息"对话框　　　　图 4-2-4　创建 UD 分区

（5）软件将基础数据包（Win PE 等程序）写入 U 盘的隐藏分区，如图 4-2-5 所示。几分后，弹出对话框，提示"制作启动 U 盘成功"，如图 4-2-6 所示，单击"否"按钮，取消"模拟启动"。

图 4-2-5　写入 U 盘的隐藏分区　　　　图 4-2-6　提示"制作启动 U 盘制作成功"

在系统桌面右击"计算机"图标，在弹出的快捷菜单中选择"管理"选项，打开"计算机管理"界面，如图 4-2-7 所示。在左侧的列表中依次选择"存储"→"磁盘管理"选项，观察图 4-2-7 下方的"磁盘 1"区域，可以看到 U 盘产生了 2 个分区，其中，名为"未分配"的分区是 U 盘系统分区，在 Windows 中不可见，该分区被隐藏；名为"大白菜 U 盘"的分区在 Windows 中是可见的，能够像普通 U 盘一样存储文件，如图 4-2-8 所示。在该 U 盘中，已经默认创建了 GHO 文件夹，并复制了"大白菜超级 U 盘启动制作工具"的 DBCinud.exe 可执行文件。

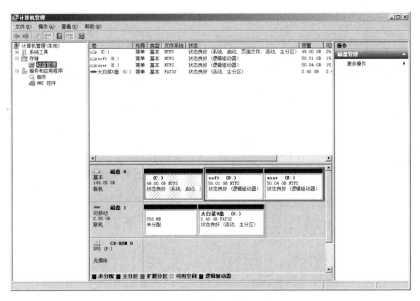

图 4-2-7 分区后的 U 盘

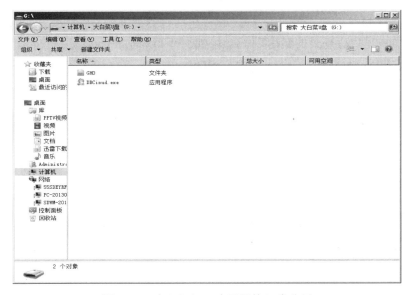

图 4-2-8 在 Windows 中可见的 U 盘分区

3. 复制 Ghost 封装系统文件

将 Ghost 封装系统文件复制到 GHO 文件夹, 当然, 也可以复制到 U 盘根目录或其他文件夹。通过 DBCinud.exe 可以将 PE 或 DOS 工具安装在本地硬盘中, 或者克隆 U 盘, 以便维护计算机。至此, 启动 U 盘制作完毕, 读者可以使用软件自带的各种工具进行系统维护和系统还原安装。由于 Windows 10 的 Ghost 封装系统文件大于 4GB, 因此复制 Ghost 封装系统文件前, 需要用软件的格式转换功能将 FAT32 格式转化为 NTFS 格式。具体操作如图 4-2-9 和图 4-2-10 所示。

通过不同软件制作的启动 U 盘, 其附加的工具有所区别, 但总而言之, 启动 U 盘主要包括 Win PE、系统维护工具、系统还原和备份工具等。

图 4-2-9　"格式转换"功能　　　　　　图 4-2-10　转换为 NTFS 格式

 任务拓展

使用"电脑店超级 U 盘启动制作工具"制作启动 U 盘。

1. 准备工作

通过"电脑店超级 U 盘启动制作工具"制作启动 U 盘的准备工作与通过"大白菜超级 U 盘启动制作工具"制作启动 U 盘的准备工作类似，此处不再赘述。

2. 用"电脑店超级 U 盘启动制作工具"制作启动 U 盘

（1）运行程序前，请尽量关闭杀毒软件和安全类软件（本软件涉及对可移动磁盘的读写操作，部分杀毒软件的误报会导致程序出错）。

打开"电脑店超级 U 盘启动制作工具"，界面如图 4-2-11 所示。该软件包含的功能包括 U 盘启动、ISO 制作、常用软件、PE 工具箱等。

（2）插入 U 盘，在"请选择 U 盘"下拉菜单中选择当前插入的 U 盘，在"模式"下拉菜单中设置 U 盘的写入模式（HDD-FAT32、HDD-FAT16、ZIP-FAT32、ZIP-FAT16），如图 4-2-12 所示。

图 4-2-11　"电脑店超级 U 盘启动制作工具"界面　　　图 4-2-12　插入 U 盘后的界面

（3）单击 ▢一键制作启动U盘 按钮，如图 4-2-13 所示，出现"信息提示"对话框，请确认所选 U 盘的原始数据已经备份，再单击"确定"按钮开始制作。在制作过程中，不要进行其他操作，以免造成制作失败，其间可能出现短暂的停顿，请耐心等待几秒。

（4）软件初始化后对 U 盘进行分区，并且将 U 盘的分区隐藏，如图 4-2-14 所示为按用户预设的文件系统和写入模式格式化 U 盘。

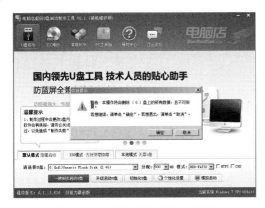

图 4-2-13　"信息提示"对话框

图 4-2-14　格式化 U 盘

（5）软件将 Win PE 等程序写入 U 盘的隐藏分区，几分后，弹出"信息提示"对话框，提示"一键制作启动 U 盘完成"，如图 4-2-16 所示，单击"否"按钮，取消"电脑模拟器"。

图 4-2-15　将 Win PE 等程序写入 U 盘

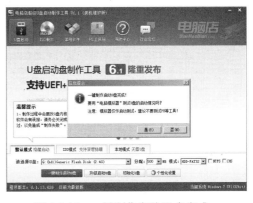

图 4-2-16　一键制作启动 U 盘完成

项目实训　制作个性化启动 U 盘

 项目描述

你的朋友东方瑜是某公司的计算机维护人员，为了提高工作效率，他想制作个性化启动 U 盘，请你帮助他实现目标。

 项目要求

（1）下载启动 U 盘制作工具。

（2）购买正版的 Windows 7/ Windows 10 或下载计算机维护用途的 Ghost 封装系统。

（3）使用启动 U 盘制作工具制作个性化启动 U 盘。

项目提示

　　本项目涉及的内容较多，有一定的设备选型要求，但作为一名计算机维护人员，必须熟练使用启动 U 盘制作工具，制作个性化启动 U 盘，以便开展计算机维护工作，并能够做到举一反三。

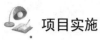 **项目实施**

　　本项目可在有网络条件的计算机实训室进行，项目实施时间为 45 分，采用 3 人一组的方式进行操作，每组的任务可自行分配。

　　通过实施本项目，可巩固学生所学的知识和技能，促进学生将知识点融会贯通，加强学生的团队协作能力，培养学生的职业素养，提高学生的职业技能水平。

 项目评价

项目实训评价表

内　容		评　价		
知识和技能目标		3	2	1
职业能力	了解启动 U 盘的工作原理			
	熟悉启动 U 盘的制作工具			
	熟练启动 U 盘的制作步骤			
通用能力	语言表达能力			
	组织合作能力			
	解决问题能力			
	自主学习能力			
	创新思维能力			
综合评价				

磁盘分区

磁盘是计算机存储数据的主要介质。磁盘在初次使用前，必须对其分区和格式化，经过分区和格式化的磁盘才能存储和读写数据。

 知识目标

理解分区及文件系统。
理解分区的步骤和方法。
了解新的磁盘分区技术。

 思政目标

通过讲解硬盘分区知识，使学生养成良好的数据分类管理的习惯，树立踏实、严谨的工作作风。

通过讲解 NTFS 文件系统，使学生形成敬畏科学的工作态度，树立强烈的安全意识和责任意识。

 技能目标

熟练使用 DiskGenius 分区软件。

任务 5.1　常见分区软件的使用方法

 任务描述

小丽购买了一台组装台式机，由于她对计算机的分区和格式化相关操作一无所知，现向你请教有关磁盘分区和格式化的常用软件及其使用方法，以便她对自己的计算机磁盘做相应处理。

 任务分析

作为计算机维护人员，磁盘的分区和格式化是一项基本操作技能。操作者对磁盘分区时，要根据用户的需求和磁盘的实际大小进行合理分配，并且能够熟练使用各种分区软件对磁盘分区和格式化。

 任务知识必备

5.1.1　分区和格式化概述

（1）分区和格式化的原因：刚生产出来的磁盘，是没有被分区和激活的，若要在磁盘上安装操作系统，则必须有一个被激活的活动分区，这样才能对磁盘进行读写操作。但是，对磁盘分区后却不对其格式化，这样的磁盘仍然无法正常使用。因此，磁盘的分区、激活和格式化往往是连贯的。

（2）格式化的分类：磁盘格式化分为高级格式化和低级格式化，低级格式化就是将空白的磁盘划分出柱面和磁道，再将磁道划分为若干扇区，每个扇区又被划分出标识部分（ID）、间隔区（GAP）和数据区（DATA）等。低级格式化是高级格式化前的一项基础工作，只能在 DOS 环境下完成。低级格式化是针对整个磁盘而言的，低级格式化不支持单独的分区。每个磁盘在出厂时，已由技术人员进行过低级格式化操作，因此用户无须再次进行低级格式化操作。

（3）分区类型：MBR（Master Boot Record）分区和 GPT（GUID Partition Table）分区。

MBR 分区：MBR 指主引导记录。MBR 分区有自己的启动器，也就是启动代码，一旦启动代码被破坏，系统就无法启动，只有通过修复才能启动系统。MBR 分区在磁盘容量方面存在着严重的瓶颈，最大支持 2TB。如今，MBR 分区逐渐被 GPT 分区取代。

GPT 分区：GPT 指 GUID 分区表。GPT 分区的实现离不开 UEFI 的辅助，于是就产生了如下关系，即 UEFI 取代陈旧的 BIOS，GPT 分区取代陈旧的 MBR 分区。GPT 分区没有 MBR 分区那么多限制。GPT 分区支持的磁盘容量非常大。GPT 分区同时支持的分区数量没有限制，只不过受制于操作系统的要求，Windows 最多支持 128 个 GPT 分区。借助 UEFI，所有的 64 位的 Windows 10、Windows 8、Windows 7 和 Windows Vista，以及对应的服务器操作系统都能从 GPT 分区启动。

GPT 分区和 MBR 分区是不同的分区类型。使用 MBR 分区，磁盘最多只能划分为 4 个主分区，并且 MBR 分区最大支持 2TB 的磁盘容量。如果需要分区的磁盘容量超过 2TB，则需要使用 GPT 分区，此分区类型不受分区个数、磁盘容量的限制。

5.1.2 MBR 分区中的主分区、扩展分区和逻辑驱动器

（1）主分区：主分区是包含操作系统启动文件的分区，用于存放操作系统的引导记录（在该主分区的第一扇区）和操作系统文件。

因为主引导记录的分区表最多可以包含 4 个分区记录，所以主分区最多可以有 4 个。如果需要 1 个扩展分区，那么主分区最多只能有 3 个。1 个磁盘至少需要建立 1 个主分区，并激活为活动分区，这样做才能从磁盘启动计算机，否则即使安装了操作系统，也无法从磁盘启动计算机，当然，如果磁盘作为从盘挂在计算机上，那么不建立主分区也是可以的。

（2）扩展分区：为了有效地解决主引导记录中的分区表最多只能包含 4 个分区记录的问题，分区程序除建立了主分区外，还建立了 1 个扩展分区。扩展分区也就是除主分区外的分区，它不能被直接使用，因为扩展分区不是一个驱动器。建立扩展分区后，必须再将其划分为若干逻辑分区（也被称为逻辑驱动器，即平常所说的 D 盘、E 盘等）才能使用，而主分区则可以直接作为驱动器。主分区和扩展分区的信息被保存在磁盘的 MBR（磁盘主引导记录是磁盘分区程序写在磁盘 0 扇区的一段数据）内，而逻辑驱动器的信息都被保存在扩展分区内。也就是说，无论磁盘中有多少个逻辑驱动器，其主引导记录只包含主分区和扩展分区的信息，扩展分区一般用于存放数据和应用程序。

（3）逻辑驱动器：逻辑驱动器也就是我们在操作系统中看到的 D 盘、E 盘、F 盘等，一个磁盘允许建立 24 个驱动器盘符（按英文字母 C～Z 的顺序命名，A 和 B 为软盘驱动器的盘符）。

当划分了 2 个或 2 个以上的主分区时，因为只有一个主分区是活动分区，其他的主分区是隐藏分区，所以逻辑驱动器的盘符不会随着主分区的数量增加而改变。

（4）活动分区和隐藏分区：如果一个磁盘被划分为 2 个或 3 个主分区，那么只有 1 个主分区为活动分区，其他的主分区只能隐藏起来。隐藏分区在操作系统中是看不到的，只有在分区软件（或一些特殊软件）中可以看到，这种分区方案主要是在安装多操作系统时使用的。例如，在划分为 2 个主分区的磁盘上安装两种操作系统，当设置第 1 个主分区为活动分区时，启动计算机后，就会启

动第1个分区的操作系统，当设置第2个分区为活动分区时，就会启动第2个分区的操作系统。

（5）分区操作的顺序：实施分区操作时，既可以对新磁盘进行分区，也可以对做过分区操作的磁盘再次进行分区。但对旧磁盘而言，需要先删除旧的分区，然后建立新的分区。虽然不同的分区软件其操作有所不同，但分区顺序是相同的。磁盘分区顺序如表 5-1-1 所示，列出了新、旧磁盘分区的先后顺序，仅供参考。表 5-1-1 主要针对 FDISK 分区或 Windows XP/2003 磁盘管理功能。其实，使用 PartitionMagic 等其他分区软件时，一般不需要建立扩展分区，因为建立逻辑驱动器时，会自动汇总为逻辑分区。所以，具体情况要视用户使用的分区软件来确定。

表 5-1-1 磁盘分区顺序

新硬盘		旧硬盘	
步 骤	操 作	步 骤	操 作
第1步	建立主 DOS 分区	第1步	删除逻辑 DOS 驱动器
第2步	建立扩展分区	第2步	删除扩展分区
第3步	将扩展分区划分为逻辑驱动器	第3步	删除主 DOS 分区
第4步	激活分区	第4步	建立主 DOS 分区
第5步	格式化每个驱动器	第5步	建立扩展分区
		第6步	将扩展分区划分逻辑驱动器
		第7步	激活分区
		第8步	格式化每个驱动器

5.1.3 GPT 分区中的 ESP 分区和 MSR 分区

ESP（EFI system partition）分区即 EFI 系统分区，这种分区方式的本质是对磁盘进行 FAT 格式的分割，但是，其分区标识是 EF（十六进制），而不是常规的 0E 或 0C。因此，该分区在 Windows 下一般是不可见的。UEFI 固件可从 ESP 分区加载 EFI 启动程式或 EFI 应用程式。ESP 分区主要用于引导和启动系统，ESP 分区大小默认为 100MB，文件格式为 FAT32。

MSR（Microsoft Reserved Partition）分区即 Microsoft 保留分区。MSR 分区是每个在 GUID 分区表上的 Windows（Windows 7 及以上）都要求的分区。系统组件可以将部分 MSR 分区分配到新的分区以供其使用。

MSR 分区大小会因 GPT 磁盘容量的变化而改变。对于小于 16 GB 的磁盘，MSR 分区大小为 32 MB。对于大于 16 GB 的磁盘，MSR 分区大小为 128 MB。MSR 分区在"磁盘管理"界面中不可见，在 DiskPart、DiskGenius 等磁盘工具中可见，但是，用户无法在 MSR 分区中存储或删除数据。

5.1.4 磁盘分区格式

经历了几十年的发展，计算机操作系统持续更新、升级，而磁盘分区格式也随之变化，变得越来越丰富。

就微软公司研发的操作系统而言，磁盘分区格式经历了 FAT12、FAT16、FAT32、NTFS、exFAT、REFS 等，不同的磁盘分区格式可以适应不同的操作系统及磁盘容量的要求。而就 Linux 而言，一般采用 Ext 和 Swap 磁盘分区格式。此外，还有与服务器相关的动态分区技术等。

1. 磁盘分区格式的分类

（1）FAT12：FAT12 格式是一种相当"古老"的磁盘分区格式，与 DOS 同时问世。它采用了 12 位文件分配表。早期的软盘驱动器就使用 FAT12 格式。

（2）FAT16：FAT16 格式采用了 16 位文件分配表，最大支持容量为 2GB 的磁盘，应用非常广泛，几乎所有的操作系统都支持 FAT16 格式，包括 DOS、Windows 系列。甚至 Linux 也支持这种分区格式。但 FAT16 格式的缺点是大容量磁盘的利用率低。因为磁盘文件的分配以簇为单位，一个簇只分配给一个文件使用，不管这个文件占用整体簇容量的比例。这样，即使一个很小的文件也要占用一个簇，剩余的簇空间被全部闲置，造成磁盘空间的浪费。由于文件分配表容量的限制，FAT16 格式建立的分区越大，磁盘上每个簇的容量就会越大，造成的浪费也会越多。

（3）FAT32。为了解决 FAT16 格式的空间浪费问题，微软公司推出了一种新的磁盘分区格式——FAT32 格式。FAT32 格式采用了 32 位的文件分配表，这就使得磁盘的空间管理能力明显增强，突破了 FAT16 格式最大支持 2GB 磁盘容量的限制。FAT32 格式应用非常广泛，除 Windows 系列支持该磁盘分区格式外，Linux Redhat 部分版本的操作系统也支持 FAT32 格式。

（4）NTFS：NTFS 格式即新技术文件系统，是特别为网络和磁盘配额、文件加密管理等安全特性设计的磁盘格式。以 Windows NT 为内核的操作系统支持 NTFS 格式，随着 Windows 2000、Windows XP 的普及，NTFS 格式的应用变得越来越广泛。NTFS 格式以簇为单位存储数据文件，但 NTFS 格式中簇的大小并不依赖磁盘或分区的大小。簇尺寸的缩小不但降低了磁盘空间的浪费，还降低了产生磁盘碎片的可能。NTFS 格式支持文件加密管理功能，可以为用户提供更高的安全保证。目前，Windows NT、Windows 2000、Windows XP、Windows 2003、Windows Vista、Windows 7、Windows 8 都支持 NTFS 格式，而 Windows 9x、Windows Me、DOS 等不支持 NTFS 格式。

（5）exFAT：为了解决 FAT32 格式不支持 4GB 及更大容量磁盘的问题，微软公司在 Windows Embeded 5.0 以上（包括 Windows CE 5.0、Windows CE 6.0、Windows Mobile 5、Windows Mobile 6、Windows Mobile 6.1）版本中引入了适合闪存的磁盘分区格式——exFAT（Extended File Allocation Table File System，扩展 FAT，即扩展文件分配表）格式。对闪存而言，NTFS 格式并不适用，而 exFAT 更为适用。

（6）REFS：REFS（Resilient File System，弹性文件系统）格式是微软公司在 Windows Server 2012 中引入的磁盘分区格式。REFS 格式只能用于存储数据，不能用于引导系统，并且在移动媒介上也无法使用。REFS 格式与 NTFS 格式大部分兼容，其主要目的是保持较高的稳定性，自动验证数据是否被损坏，并尽力恢复数据。如果 REFS 格式与 Storage Spaces（存储空间）联合使用，则可以提供更好的数据防护功能。此外，处理上亿个文件任务时，也能体现较高的运行效率。

（7）Ext 和 Swap：Linux 是近年来兴起的操作系统，其版本繁多，支持的磁盘分区格式也不尽相同，但是它们的 Native 主分区和 Swap 交换分区都采用相同的格式，即 Ext 格式和 Swap 格式。Ext 格式和 Swap 格式同 NTFS 格式有些相似，Ext 格式和 Swap 格式的安全性与稳定性都非常好，使用 Linux 出现死机现象的概率明显减少。但是，目前支持这类磁盘分区格式的操作系统只有 Linux。Ext 格式也有多个版本。

Linux 是一种开源的操作系统，支持很多种磁盘分区格式，如 Ext2 格式、Ext3 格式、XFS 格式,、FAT32 格式和 NTFS 格式。

2. 常见的磁盘分区格式

目前，主要的磁盘分区格式及其支持的操作系统情况如下。

（1）FAT32：支持 Windows 95、Windows 98、Windows Me、Windows 2000、Windows XP、Windows 2003、Windows 7、Windows 8、Windows 10 等。使用 FAT32 格式应注意一些限制条

件，即当磁盘分区小于 512MB 时，FAT32 格式不会发生作用，而且在 FAT32 格式中，单个文件不能大于 4GB。

（2）NTFS：支持 Windows NT、Windows 2000、Windows XP、Windows 2003、Windows Vista、Windows 7、Windows 8、Windows 10 等，单个文件可以大于 4GB。

（3）exFAT：exFAT 格式适用于闪存。

（4）REFS：ReFS 格式最初只被用于 Windows Server 2012，REFS 格式支持的首个桌面版操作系统是 Windows 10 v1703，并默认开启了格式化功能。

 任务实施

1. DiskGenius 的 MBR 分区和格式化

（1）将启动光盘放入光驱，或者将启动 U 盘插入 USB 接口，启动计算机，设置好启动顺序，或者启动时按快捷启动键（不同的计算机其快捷启动键有所不同，大部分计算机的快捷启动键是 F11 键），光盘/U 盘运行后，显示主菜单，选择"【4】DiskGenius 图形分区工具"选项，如图 5-1-1 所示。需要注意，不同的工具盘，其主菜单有所差别，但常见工具盘都有 DiskGunius（DG）选项。

（2）DiskGenius 软件界面如图 5-1-2 所示。

图 5-1-1 选择"【4】DiskGenius 图形分区工具"选项

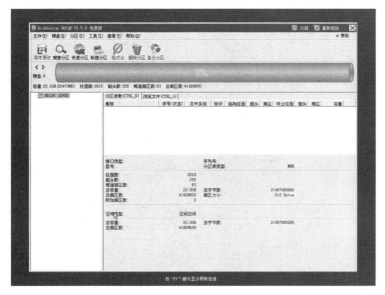

图 5-1-2 DiskGenius 软件界面

（3）新建立的分区，其大小和数量根据磁盘的大小和实际需求来设定，一般的分区数量为 3~4 个，本任务因练习需要，磁盘容量较小，约 20GB，故建立 3 个分区，包括 1 个主分区，2 个逻辑分区，主分区大小为10GB，第1个逻辑分区大小为5GB，剩余的5GB容量分配给第2个逻辑分区。目前，流行的磁盘容量一般为200GB以上，建议主分区设置为50GB。在DiskGenius软件界面中，执行菜单命令"分区"→"新建分区"，或者单击工具栏的"新建分区"按钮，打开"建立新分区"对话框，选中"主磁盘分区"单选钮，在"请选择文件系统类型"下拉菜单中选择"NTFS"选项，如图5-1-3所示。

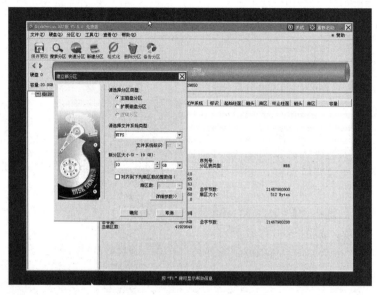

图5-1-3 "建立新分区"对话框

（4）单击"确定"按钮，主分区建立成功，如图5-1-4所示。

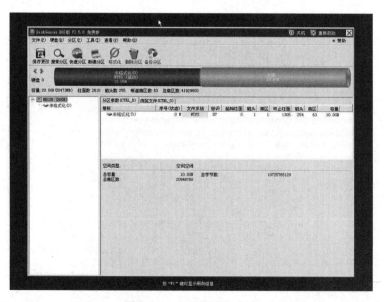

图5-1-4 主分区建立成功

（5）建立扩展分区，如图5-1-5所示，在DiskGenius软件界面中，执行菜单命令"分区"→"新建分区"，或者单击工具栏的"新建分区"按钮，打开"建立新分区"对话框，将剩余的磁盘容量全部分给扩展磁盘分区，即选中"扩展磁盘分区"单选钮，然后在"请选择文件系统类型"下拉菜单中选择"NTFS"选项。

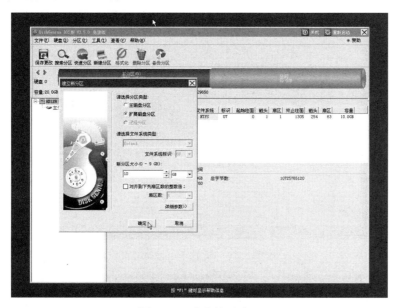

图 5-1-5　建立扩展分区

（6）扩展磁盘分区已建立成功，接下来建立逻辑分区，选中扩展磁盘分区并右击，在弹出的菜单中选择"建立新分区"选项，如图 5-1-6 所示。

图 5-1-6　建立逻辑分区

（7）第 1 个逻辑分区的大小为 5GB，如图 5-1-7 所示。

（8）选中剩余空闲磁盘容量并右击，在弹出的菜单中选择"建立新分区"选项，如图 5-1-8 所示。

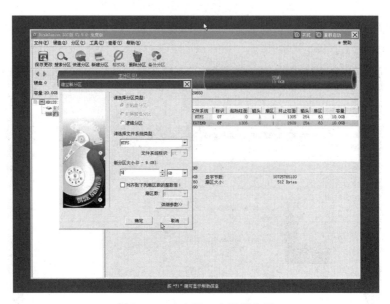

图 5-1-7　建立第 1 个逻辑分区

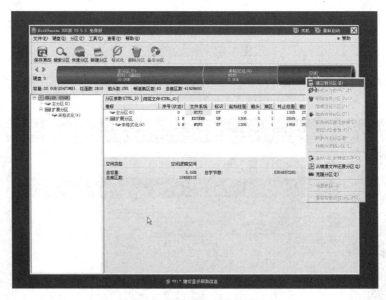

图 5-1-8　建立第 2 个逻辑分区

　　（9）将剩余的磁盘容量全部分给第 2 个逻辑分区，大小为 5GB，如图 5-1-9 所示。逻辑分区的大小应根据磁盘大小和实际需求来确定。

　　（10）接下来，格式化主分区，选中主分区并右击，在弹出的菜单中选择"格式化当前分区"选项，如图 5-1-10 所示。

　　（11）格式化主分区之前，弹出提示对话框，需要操作者保存磁盘分区表，如图 5-1-11 所示。

　　（12）在提示对话框中单击"确定"按钮，打开"格式化分区 主分区"对话框，如图 5-1-12 所示。

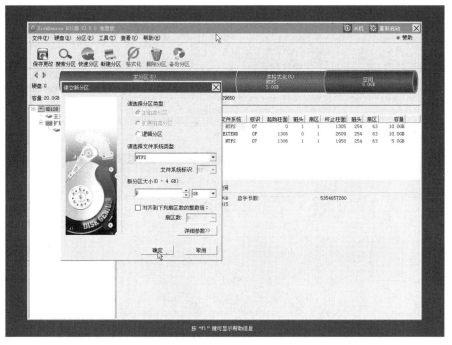

图 5-1-9　建立第 2 个逻辑分区时的"建立新分区"对话框

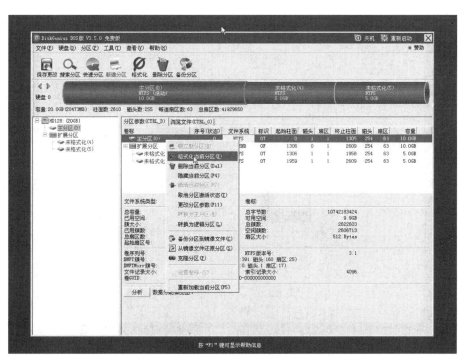

图 5-1-10　格式化主分区

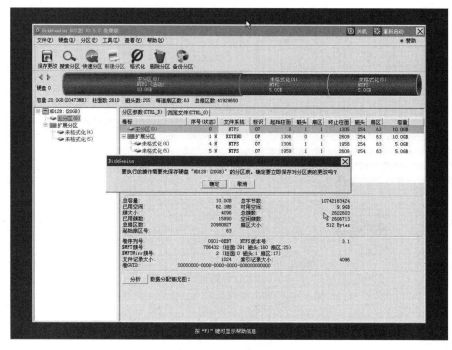

图 5-1-11 保存磁盘分区表

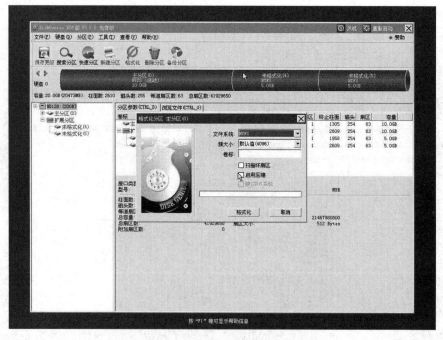

图 5-1-12 "格式化分区 主分区"对话框

　　（13）单击"格式化"按钮，弹出提示对话框，提示操作者格式化分区会使该分区的所有文件丢失。单击"是"按钮，如图 5-1-13 所示，主分区开始格式化。

　　（14）采用上述方法对其他分区格式化，如图 5-1-14 所示。

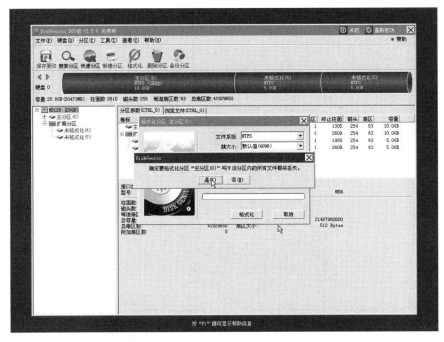

图 5-1-13　格式化主分区前弹出提示对话框

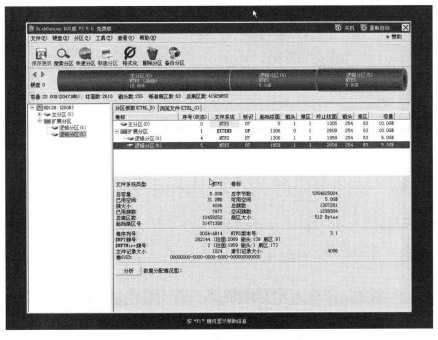

图 5-1-14　对其他分区进行格式化

（15）由于主分区已经自动激活，执行菜单命令"文件"→"退出"，如图 5-1-15 所示。

（16）如图 5-1-16 所示，提示操作者对磁盘数据的更改需重新启动计算机后才能生效，单击"立即重启"按钮。至此，完成磁盘的分区和格式化。

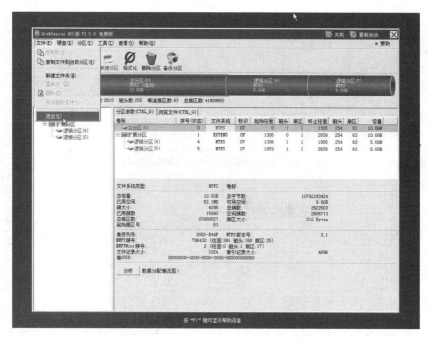

图 5-1-15 执行菜单命令"文件"→"退出"

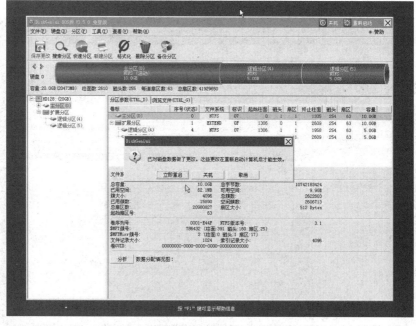

图 5-1-16 提示重新启动计算机

（17）DiskGenius 软件还有快速分区功能，在 DiskGenius 软件界面中，单击工具栏内的"快速分区"按钮，弹出"快速分区"对话框，如图 5-1-17 所示。该对话框包括分区数目、高级设置等设置区域，可根据磁盘大小和实际需求对磁盘进行分区。

（18）参数设置如图 5-1-18 所示，设置分区的各项参数后，单击"确定"按钮，开始对磁盘分区。执行该功能后，当前磁盘上的所有分区将被删除，新分区将会被快速格式化。

图 5-1-17 "快速分区"对话框

图 5-1-18 设置分区的各项参数

（19）如图 5-1-19 所示，"硬盘"菜单包括备份分区表、还原分区表、重建主引导记录、转换分区表类型为 GUID 格式、转换分区表类型为 MBR 格式、坏道检测和修复、删除所有分区等选项。

（20）如图 5-1-20 所示，"分区"菜单包括格式化当前分区、删除当前分区、隐藏当前分区、取消分区激活状态、更改分区参数、转换为逻辑分区、设置卷标等选项。

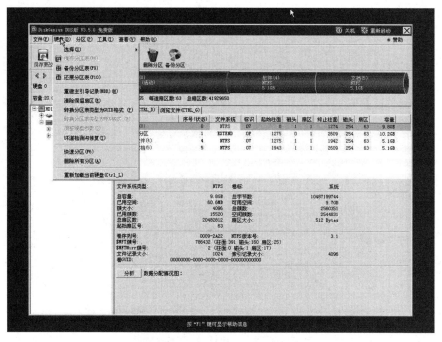

图 5-1-19　"磁盘"菜单

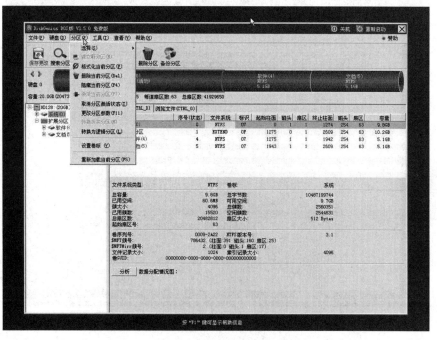

图 5-1-20　"分区"菜单

（21）如图 5-1-21 所示，"工具"菜单包括检查分区表错误、搜索已丢失分区（重建分区表）、备份分区到镜像文件、从镜像文件还原分区、克隆分区、清除扇区数据等选项。

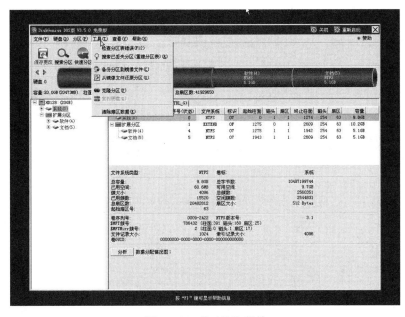

图 5-1-21 "工具"菜单

拓展阅读资料	拓展阅读资料	拓展阅读资料
调整无损分区大小	备份与还原分区表	检测与修复坏道
拓展阅读资料	拓展阅读资料	微课视频
误删除或误格式化后的文件恢复	按指定文件类型恢复文件	磁盘分区（MBR）

2．DiskGenius 的 GPT 分区和格式化

（1）将启动光盘放入光驱，或者将启动 U 盘插入 USB 接口，启动计算机，设置好启动顺序，或者启动时按快捷启动键，光盘/U 盘运行后，显示主菜单，选择"【05】DiskGenius 磁盘分区工具"选项，如图 5-1-22 所示。

图 5-1-22 选择"【05】DiskGenius 磁盘分区工具"选项

（2）DiskGenius 软件界面如图 5-1-23 所示。

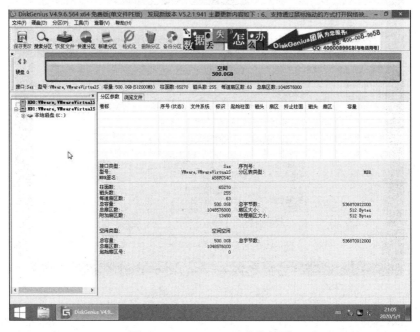

图 5-1-23　DiskGenius 软件界面

（3）执行菜单命令"硬盘"→"转换分区表类型为 GUID 格式"，将磁盘分区表类型转换为 GPT 格式，如图 5-1-24 所示。

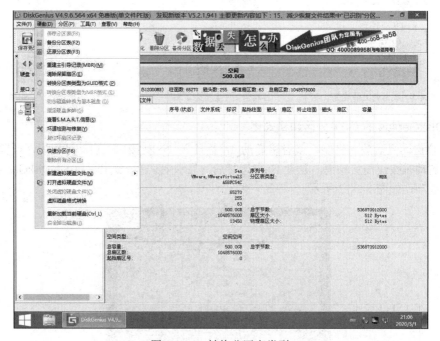

图 5-1-24　转换分区表类型

（4）如图 5-1-25 所示，执行菜单命令"分区"→"建立新分区"，或者单击工具栏的"新建分区"按钮，打开"建立 ESP、MSR 分区"对话框，选中"建立 ESP 分区"复选框和"建立

MSR 分区"复选框，将"ESP 分区的大小"设置为 300MB，并选中"对齐到此扇区数的整数倍"复选框，在右侧的下拉菜单中选择"2048 扇区（1048576 字节）"选项，如图 5-1-26 所示。

图 5-1-25　选择"建立新分区"选项

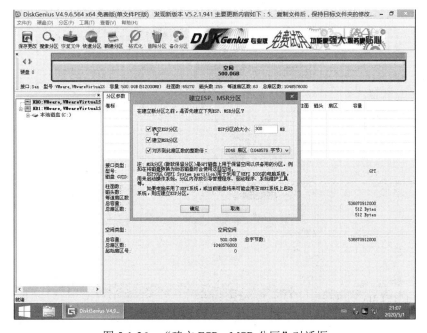

图 5-1-26　"建立 ESP、MSR 分区"对话框

（5）单击"确定"按钮，ESP 分区和 MSR 分区建立成功，自动弹出"建立新分区"对话框，如图 5-1-27 所示。

图 5-1-27　自动弹出"建立新分区"对话框

（6）建立主磁盘分区，如图 5-1-28 所示，在"请选择文件系统类型"下拉菜单中选择"NTFS（MS Basic Data）"选项，设置"新分区大小"的参数值为"100GB"，并选中"对齐到下列扇区数的整数倍"复选框，在下方的下拉菜单中选择"2048 扇区（1048576 字节）"选项。

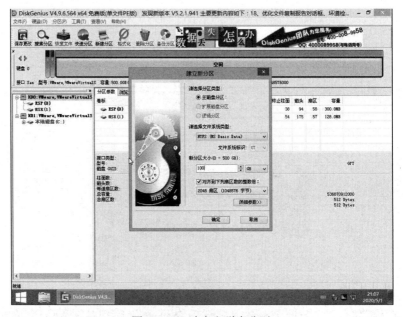

图 5-1-28　建立主磁盘分区

（7）单击"确定"按钮，主磁盘分区建立成功，如图 5-1-29 所示。

（8）重复上述步骤，建立两个磁盘分区，分区大小分别为 200GB 和 199.6GB，如图 5-1-30 所示。

（9）单击"保存更改"按钮，保存对分区表的所有更改，如图 5-1-31 所示。

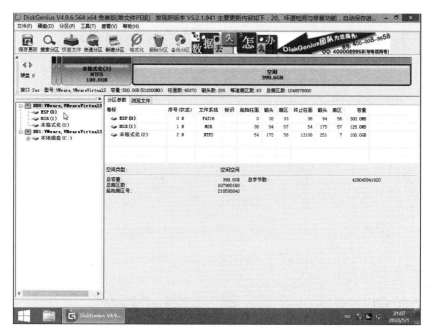

图 5-1-29 主磁盘分区建立成功

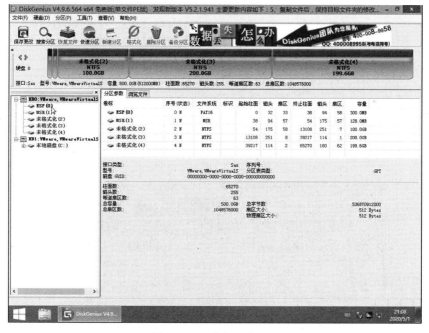

图 5-1-30 建立两个分区

（10）格式化操作前，弹出提示对话框，如图 5-1-32 所示。

（11）单击"确定"按钮，对其他分区格式化，磁盘分区和格式化完成后的界面如图 5-1-33 所示。

（12）由于主分区已经自动激活，执行菜单命令"文件"→"退出"，然后重新启动计算机，使对磁盘数据的更改生效，至此，完成磁盘的分区和格式化。

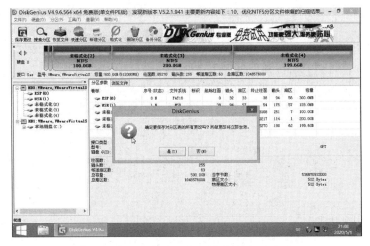

图 5-1-31　保存对分区表的所有更改

图 5-1-32　提示对话框

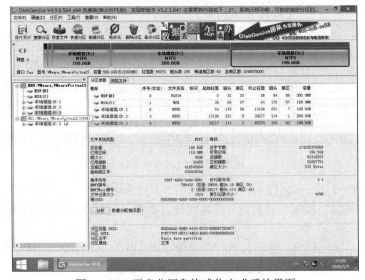

图 5-1-33　磁盘分区和格式化完成后的界面

任务拓展

1. FDISK 的分区和格式化

（1）将启动光盘放入光驱，或者将启动 U 盘插入 USB 接口，启动计算机，设置好启动顺序，或者启动时按快捷启动键，光盘/U 盘运行后，显示主菜单，如图 5-1-34 所示，本任务使用启动光盘，输入"2"并按 Enter 键，DOS 命令行界面如图 5-1-35 所示。

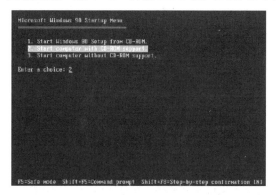

图 5-1-34　主菜单

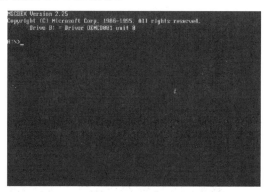

图 5-1-35　DOS 命令行界面

（2）如图 5-1-36 所示，在"A:\>"提示符后，输入"fdisk"并按 Enter 键，"fdisk"命令用于询问否启动对大磁盘的支持，即是否在分区上使用 FAT32 文件系统，系统默认启动对大磁盘的支持，故按 Enter 键，"fdisk"命令提示信息如图 5-1-37 所示。

图 5-1-36　输入 FDISK 命令

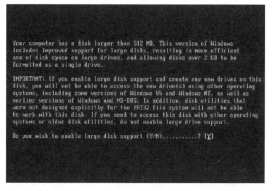

图 5-1-37　"fdisk"命令提示信息

（3）FDISK 主菜单如图 5-1-38 所示，建立 DOS 分区，在"Enter choice:"后输入"1"并按 Enter 键；建立分区菜单如图 5-1-39 所示，在"Enter choice:"后输入"1" 并按 Enter 键。

图 5-1-38　FDISK 主菜单

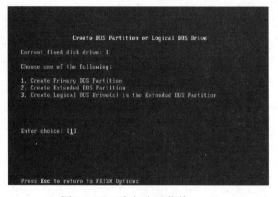

图 5-1-39　建立分区菜单

（4）程序开始扫描磁盘，扫描完成后，建立主 DOS 分区，如图 5-1-40 所示，出现提示信息，是否将所有可用的磁盘空间都建立主 DOS 分区？为了使磁盘建立多个分区，因此输入"N"，并按 Enter 键。如图 5-1-41 所示，出现提示信息，需要输入主 DOS 分区大小的参数值。在右下角的方括号内，按 Backspace 键清除默认的数值，并输入一个小于磁盘容量的数值（单位为 MB，但不用输入），作为主 DOS 分区大小；或者在右下方的方括号内输入一个百分数，确定主 DOS 分区占磁盘容量的比例。此处在方括号内输入"2000"，如图 5-1-42 所示，按 Enter 键，程序自动返回主菜单，如图 5-1-43 所示，出现提示信息，警告未设置活动分区。

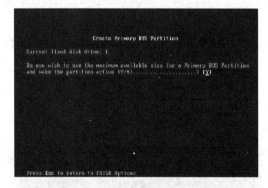

图 5-1-40　建立主 DOS 分区时出现提示信息

图 5-1-41　设置主 DOS 分区大小

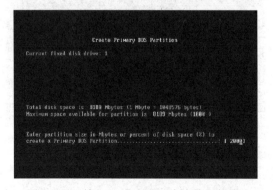

图 5-1-42　输入主 DOS 分区大小的参数值

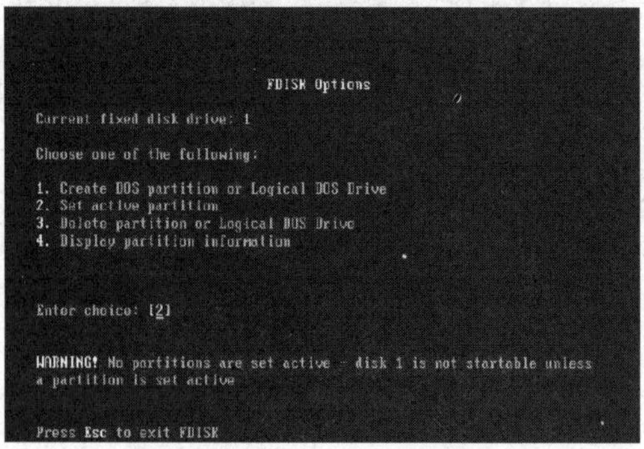

图 5-1-43　警告未设置活动分区

（5）在"Enter choice:"后输入"2"，并按 Enter 键，设置活动分区，如图 5-1-44 所示，出现提示信息，请操作者选择某个分区，并将其设置为活动分区。注意，在 DOS 分区中，只有主

DOS 分区才能被设置为活动分区，其余分区不能被设置为活动分区，所以这里只能输入"1"，按 Enter 键，完成活动分区的设置。

（6）按 Esc 键返回主菜单，在"Enter choice："后输入"1"并按 Enter 键，进入 DOS 分区界面，输入"2"并按 Enter 键，如图 5-1-45 所示，建立扩展分区。提示磁盘还剩余 6189MB，如图 5-1-46 所示，这里建议把它们全部分到扩展分区，其原因是除主分区外，其余的逻辑分区都是在扩展分区上建立的，此处直接按 Enter 键。

图 5-1-44 设置活动分区

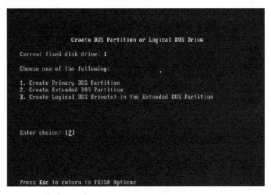

图 5-1-45 建立扩展分区

（7）接下来，定义逻辑分区。如图 5-1-47 所示，提示未定义逻辑分区，并显示扩展分区容量。在右下角的方括号内，按 Backspace 键清除默认的数值，并输入一个小于磁盘容量的数值（单位为 MB，但不用输入），作为第 1 个逻辑分区的大小；或者在右下方的方括号内输入一个百分数，确定第 1 个逻辑分区占磁盘容量的比例。此处在方括号内输入"3185"，并按 Enter 键，如图 5-1-48 所示，第 1 个逻辑分区 D 建立成功。继续建立第 2 个逻辑分区（本任务共建立 2 个逻辑分区），因此直接按 Enter 键，将剩余的扩展分区容量分配给第 2 个逻辑分区 E，逻辑分区建立完成，如图 5-1-49 所示。

（8）按 Esc 键，退出程序，如图 5-1-50 所示，提示必须重新启动计算机才能使分区生效，并且所有分区必须格式化后才能使用。

（9）重新启动计算机，再次进入 DOS 命令行界面，如图 5-1-51 所示，输入"format c："后按 Enter 键，并根据提示输入"Y"，再次按 Enter 键，即可格式化 C 盘，其他盘也按照相同的方法格式化。

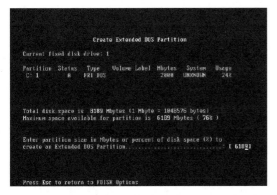

图 5-1-46 设置扩展分区大小

图 5-1-47 建立逻辑分区

图 5-1-48　建立第 2 个逻辑分区

图 5-1-49　显示所有的逻辑分区

图 5-1-50　提示重新启动计算机才能使分区生效

图 5-1-51　格式化分区

2. Windows 10 磁盘分区工具

Windows 10 自带磁盘分区工具。本任务介绍如何使用 Windows 10 磁盘分区工具。

（1）在已安装 Windows 10 的计算机中，右击桌面上的"此电脑"图标，在弹出的菜单中选择"管理"选项，打开"计算机管理"窗口，在左侧的列表中选择"存储"→"磁盘管理"选项，如图 5-1-52 所示，主分区在操作系统安装前已经完成，剩余的磁盘空间显示为"未分配"。

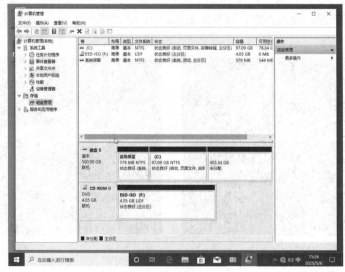

图 5-1-52　"计算机管理"窗口

（2）右击"未分配"的磁盘区域，在弹出的菜单中选择"新建简单卷"选项，如图 5-1-53 所示，弹出"新建简单卷向导"对话框，开始磁盘分区的建立，如图 5-1-54 所示；单击"下一步"按钮，在"简单卷大小"文本框内设置参数值，此处设置为 200000MB，如图 5-1-55 所示；单击"下一步"按钮，切换至"分配驱动器号和路径"界面，按要求进行设置，如图 5-1-56 所示；单击"下一步"按钮，切换至"格式化分区"界面，选中"按下列设置格式化这个卷"单选钮，然后设置"文件系统"和"分配单元大小"下拉菜单，以及"卷标"文本框，并选中"执行快速格式化"复选框，如图 5-1-57 所示；单击"下一步"按钮，切换至"正在完成新建简单卷向导"界面，如图 5-1-58 所示；单击"完成"按钮，简单卷建立成功，如图 5-1-59 所示。

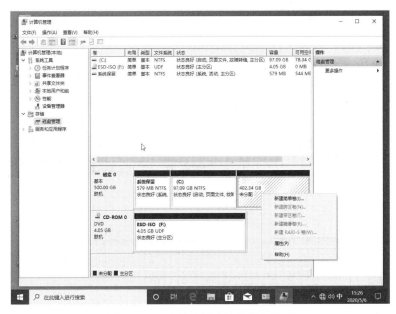

图 5-1-53　选择"新建简单卷"选项

图 5-1-54　"新建简单卷向导"对话框

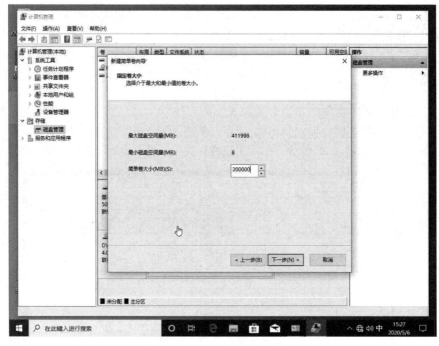

图 5-1-55   设置简单卷大小

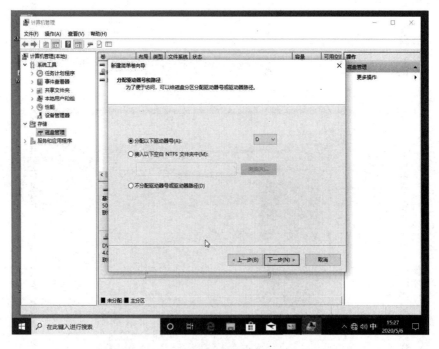

图 5-1-56   "分配驱动器号和路径"界面

图 5-1-57　"格式化分区"界面

图 5-1-58　"正在完成新建简单卷向导"界面

图 5-1-59　简单卷建立成功

（3）重复上述步骤，建立第 2 个简单卷，如图 5-1-60 所示。

图 5-1-60　建立第 2 个简单卷

微课视频

利用"磁盘管理"功能对磁盘分区

项目实训　磁盘的分区和格式化

 项目描述

公司生产部因业务发展需求，购买了一批组装台式机，现委托 IT 服务中心对磁盘进行分区和格式化。

 **项目要求**

（1）使用 FDISK/Format 分区软件对磁盘进行分区和格式化。
（2）使用 DiskGenius 分区软件对磁盘进行 MBR 分区和格式化。
（3）使用 DiskGenius 分区软件对磁盘进行 GPT 分区和格式化。

 项目提示

本项目涉及的分区软件较多，在实际工作中，读者可能还会遇到其他分区软件。作为一名计算机维护人员，必须熟练、准确地根据客户的要求对磁盘进行分区，并能够做到举一反三。读者务必在理解分区概念的基础上，真正掌握各种分区软件的使用方法。

 项目实施

本项目可在计算机维修室进行，并要求配备启动光盘或启动 U 盘，项目实施时间为 60 分，采用 3 人一组的方式进行操作，每组的任务可自行分配。

通过实施本项目，可巩固学生所学的知识和技能，促进学生将知识点融会贯通，加强学生的团队协作能力，培养学生的职业素养，提高学生的职业技能水平。

 项目评价

表 5-2-1　项目实训评价表

内　容		评　价	
知识和技能目标	3	2	1
职业能力 理解分区及文件系统			
理解分区的步骤和方法			
熟练使用 DiskGenius 分区软件			
熟练使用 FDISK/Format 分区软件			
通用能力 语言表达能力			
组织合作能力			
解决问题能力			
自主学习能力			
创新思维能力			
综合评价			

项目 6

安装操作系统

操作系统是管理和控制计算机硬件与软件资源的计算机程序,是直接运行在"裸机"上的最基本的系统程序,其他软件都必须在操作系统的支持下才能运行。操作系统是用户和计算机的接口,也是计算机硬件和其他软件的接口。操作系统的功能包括管理计算机系统的硬件、软件及数据资源,控制程序运行,改善人机界面,为其他应用程序提供支持等,使计算机的各部分最大限度地发挥作用。

目前,微软公司开发的操作系统在桌面操作系统中占据垄断地位,如 Windows 10。作为计算机维护人员,熟练安装操作系统是必须掌握的基本技能。

 知识目标

了解常见的操作系统。
了解 Ghost 系统。
了解驱动程序的安装顺序。

 技能目标

熟练地安装 Windows 10。
熟练地安装 Ghost 系统。
熟练地安装驱动程序。

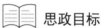 思政目标

通过讲解国产操作系统的发展历程,激发学生的爱国情怀,并鼓励学生自觉学习科学知识,追求真理,练就精湛技术。

认识国产操作系统的重要价值,自觉把个人价值的实现融入社会价值的实现中,将个人梦融入中国梦中,懂得如何在平凡的岗位上作出应有的贡献。

通过讲解正版操作系统的激活操作,引导学生树立知识产权保护意识,培养学生做人做事要遵章守纪,做一个合格的公民。

任务 6.1 安装 Windows 10

 任务描述

国宇同学对计算机硬盘已经进行了分区和格式化操作,接下来,希望你帮助他,为计算机安装 Windows 10。

 任务分析

作为计算机维护人员,安装操作系统是一项基本技能。安装操作系统时,要根据用户的需求和计算机的配置,选择合适的操作系统。

任务知识必备

6.1.1 Windows 简介

Windows 是美国微软公司研发的操作系统。该系统问世于 1985 年，起初仅仅作为 Microsoft-DOS 的模拟环境，但通过持续的更新与升级，Windows 得到了进一步优化，在用户体验方面也有了显著提升。Windows 成为应用非常广泛的操作系统。

比起需要输入指令的 DOS，Windows 采用了图形用户界面（GUI），更加人性化。随着计算机硬件和软件的不断升级，Windows 也在不断升级，架构方面从 16 位发展到 32 位、64 位，系统版本从最初的 Windows 1.0 发展到众所周知的 Windows 95、Windows 98、Windows 2000、Windows XP、Windows Vista、Windows 7、Windows 8、Windows 8.1、Windows 10。此外，还有 Windows Server 服务器企业级操作系统。

6.1.2 Windows 的特点

1. Windows 有着良好的人机交互体验

操作系统是用户与计算机硬件沟通的平台，没有良好的人机交互体验，就难以吸引用户。在手机领域中，曾经的诺基亚手机几乎占据销售市场的半壁江山，但由于近十年来其操作系统的落伍而迅速衰败，事实证明，手机操作系统的人机交互体验非常重要，这种体验的成功与否将直接影响消费者的认可度。同样，Windows 能够作为个人计算机领域中的主流操作系统，与其不断优化的人机交互体验是分不开的。Windows 界面友好，窗口造型优美，操作动作易学，新旧版本操作系统之间传承性较强，计算机资源管理效率较高。

2. Windows 支持大量应用程序

因为 Windows 由微软公司制定接口设计标准，并将标准公之于众，所以，大量的商业软件公司基于 Windows 开发商业软件，从而使 Windows 支持的应用程序数量不断增加，这也为用户提供了方便。这些应用程序门类齐全、功能完善、用户体验良好。例如，Windows 支持大量多媒体应用程序，并能够搜集、管理多媒体资源，用户只需使用这些多媒体应用程序就可以享受愉悦的多媒体服务。

3. Windows 支持多种硬件

硬件的良好适应性是 Windows 的重要特点之一。Windows 支持多种硬件。正是由于这种自由的开发环境，激励了许多硬件制造公司生产与 Windows 匹配的硬件设备，与此同时，也激励了微软公司对 Windows 进行持续的完善和改进。此外，硬件技术的提升也为操作系统的功能拓展提供了支撑。Windows 支持多种硬件的热插拔操作，受到了广大用户的欢迎。

6.1.3 Windows 10 功能介绍

1. 开始菜单

相比于 Windows 8，熟悉的开始菜单在 Windows 10 中正式归位，不过，在它的旁边新增加了一块区域，将传统风格与新增的现代风格有机地结合起来。开始菜单既照顾了用户使用 Windows 7 及先前操作系统版本的习惯，又考虑了用户使用 Windows 8/Windows 8.1 的习惯，提供触摸操作。用户使用 Windows 10 时，能够快速适应这种变化。此外，超级按钮（Charm Bar）

得以保留，非触摸设备可以通过 Windows+C 组合键调用。

2．虚拟桌面

Windows 10 具有 Multiple Desktops 功能。该功能可以让用户在一个操作系统中使用多个桌面环境，即用户可以根据自己的需要，在不同的桌面环境之间进行切换。Windows 10 还在"Task View"模式中增加了应用排列建议，即不同的窗口会以某种推荐的排列方式显示在桌面环境中，单击右侧的加号即可添加一个新的虚拟桌面。

3．窗口化应用程序

Windows 应用商店中的应用程序可以和桌面应用程序一样以窗口方式运行。用户可以随意拖动应用程序窗口的位置，拉伸其大小，也可以单击窗口的"最小化"、"最大化"和"关闭"按钮。当然，用户也可以全屏运行应用程序。

4．分屏多窗口功能增强

用户可以在桌面环境中同时摆放 4 个窗口，Windows 10 会在单独的窗口内显示正在运行的其他应用程序。同时，Windows 10 还会比较智能地给出分屏建议。Windows 10 新增了 Snap Assist 按钮，使用该按钮可以展示多个桌面应用程序，并和其他应用程序自由组合，形成多任务模式。

5．多任务管理界面

任务栏新增了一个全新的 Task View（查看任务）按钮。使用该按钮，用户可以在桌面环境中运行多个应用程序和对话框，并且可以在不同的应用程序之间自由切换。用户能将所有已开启的窗口缩放并排列，以便迅速找到目标任务。单击该按钮，可以迅速地预览所有应用程序，单击其中某个应用程序可以进行快速跳转。传统的应用程序和桌面化的 Modern 应用程序在多任务中可以更紧密地结合起来。

6．Windows 用户

相比于过去将所有用户都视为初级用户的做法，Windows 10 特别照顾了高级用户的使用习惯，例如，在命令行界面中支持粘贴快捷键（Ctrl+V 组合键），以便用户直接在该界面中进行粘贴操作。

7．通知中心

自 Windows 10 Technical Preview Build 9860 起，系统增加了通知中心（行动中心）功能，用于显示信息、更新内容、电子邮件和日历等，还可以收集来自 Windows 8 中应用程序发出的相关信息，但用户尚不能对收到的信息进行回应。自 Windows 10 Technical Preview Build 9941 起，通知中心还增加了"快速操作"功能，以便用户快速进入设置，以及开启和关闭设置。

8．选择快/慢升级方式

自 Windows 10 Technical Preview Build 9860 起，系统允许用户自主设定获取最新测试版操作系统的频率，可选择快/慢升级方式。若用户选择前者，则系统升级频率较高，但该操作系统可能存在 Bug；若用户选择后者，则系统升级频率较低，但获取的系统其稳定性相对较高。

9．设备与平台统一

Windows 10 恢复了原有的开始菜单，并将 Windows 8 和 Windows 8.1 中的"开始屏幕"集成到菜单中。Modern 应用程序（Windows 应用商店应用程序）能够在桌面以窗口方式运行。

Windows 10 为所有硬件提供了一个统一的平台，并支持各种类型的设备，涵盖互联网设备及全球企业数据中心服务器等。

Windows 10 所支持的各种 Windows 设备共享一个应用商店。因为启用了 Windows RunTime，所以用户可以跨平台使用 Windows 设备（手机、平板电脑、个人计算机及 Xbox），并在其中运行同一个应用程序。

10. Microsoft Edge 浏览器

Microsoft Edge 浏览器自 Windows 10 Build 10049 起开放使用，项目代号为 Spartan（斯巴达）。在 Microsoft Build 2015 大会上，微软公司把代号为斯巴达的浏览器正式命名为 Microsoft Edge 浏览器。Microsoft Edge 浏览器的 HTML 5 测试分数高于 IE 11.0 浏览器。同时，在 Windows 10 中，IE 浏览器与 Microsoft Edge 浏览器共存，功能和目的也有着明确的区分，前者使用传统排版引擎，以便兼容旧版本；后者采用全新的排版引擎。

11. Cortana for Windows 10

PC 版 Cortana 自 Windows 10 Build 9926 起正式启用。Cortana 位于底部任务栏开始菜单的右侧，支持语音唤醒功能，支持用户通过"小娜"打开相应的文件，支持搜索本地文件，或者直接展示在某段时间内拍摄的照片。用户也可以在底部搜索栏中输入搜索内容（如 Skype），直接打开应用商店。

 任务实施

（1）首先，准备好 Windows 10 光盘，并设置为光驱启动。放入光盘后自动运行，如图 6-1-1 所示，安装程序自动加载。

（2）如图 6-1-2 所示，打开"Windows 安装程序"对话框，在"要安装的语言""时间和货币格式""键盘和输入方法"下拉菜单中选择合适的选项，单击"下一步"按钮。

图 6-1-1 安装程序自动加载 　　　　图 6-1-2 "Windows 安装程序"对话框

（3）如图 6-1-3 所示，单击"现在安装"按钮。

（4）如图 6-1-4 所示，进入"激活 Windows"界面，第一次安装 Windows，必须输入产品密钥，输入正版产品密钥，然后单击"下一步"按钮。

（5）如图 6-1-5 所示，进入"选择要安装的操作系统"界面，选择合适的操作系统版本，此处选择"Windows 10 专业版"选项，单击"下一步"按钮。

（6）如图 6-1-6 所示，进入"适用的声明和许可条款"界面，阅读"微软软件许可条款"，并选中"我接受许可条款"复选框，单击"下一步"按钮。

（7）如图 6-1-7 所示，选择安装类型，界面中有"升级"选项和"自定义"选项，请根据实际需求进行选择，此处选择"自定义"选项。

（8）如图 6-1-8 所示，选择安装操作系统的驱动器，由于未对磁盘未进行分区，因此选择"新建"选项。

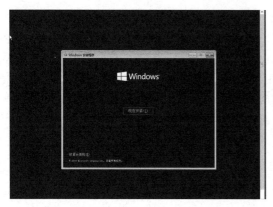

图 6-1-3　单击"现在安装"按钮

图 6-1-4　"激活 Windows"界面

图 6-1-5　"选择要安装的操作系统"界面

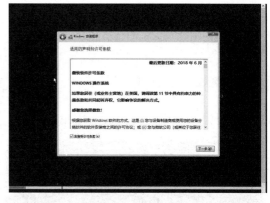

图 6-1-6　"适用的声明和许可条款"界面

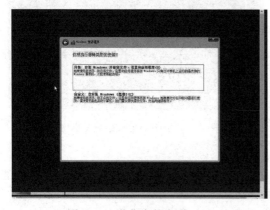

图 6-1-7　选择安装类型

图 6-1-8　选择安装操作系统的驱动器

（9）如图 6-1-9 所示，新建分区并设置分区大小，单击"应用"按钮。

（10）如图 6-1-10 所示，系统创建好主分区后，还会自动生成一个系统分区，此外，另有部分未划分的磁盘空间。

（11）如图 6-1-11 所示，选中未分配的磁盘空间，选择"新建"选项，按照之前的步骤再创建两个分区。

（12）如图 6-1-12 所示，将磁盘划分为三个分区。选择要安装操作系统的分区，此处选择"磁盘 0 分区 2"，单击"下一步"按钮。

图 6-1-9　新建分区并设置分区大小

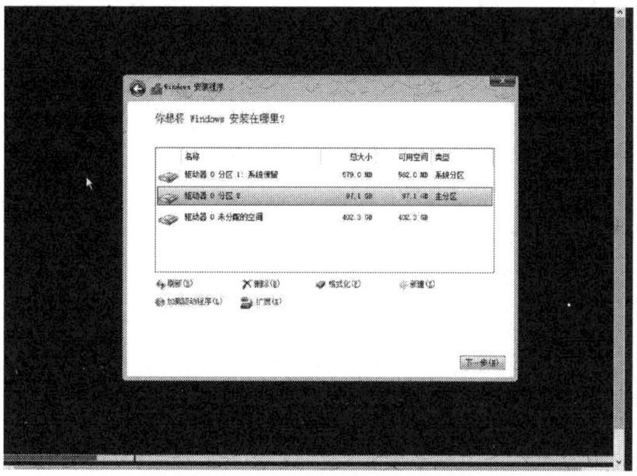

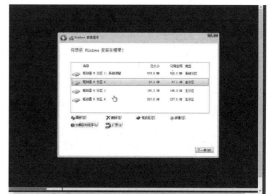

图 6-1-10　主分区创建成功

图 6-1-11　再创建两个分区

图 6-1-12　将磁盘划分为三个分区

（13）如图 6-1-13 所示，正在安装 Windows，并显示当前状态（正在复制 Windows 文件）。

（14）如图 6-1-14 所示，依次完成复制 Windows 文件、准备要安装的文件、安装功能、安装更新等操作。

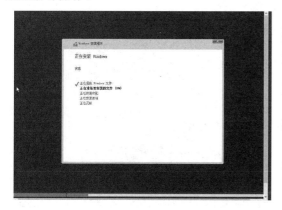

图 6-1-13　正在复制 Windows 文件

图 6-1-14　依次完成各项安装操作

（15）如图 6-1-15 所示，完成各项安装操作后，Windows 需要重启才能继续，单击"立即重启"按钮。

（16）如图 6-1-16 所示，启动 Windows 10。

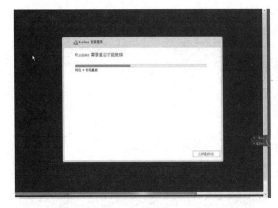

图 6-1-15　Windows 需要重启才能继续

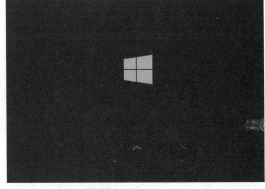

图 6-1-16　启动 Windows 10

（17）如图 6-1-17 所示，界面显示启动服务。

（18）如图 6-1-18 所示，界面显示准备就绪。

图 6-1-17　启动服务

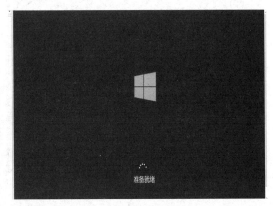

图 6-1-18　准备就绪

（19）如图 6-1-19 所示，进行区域设置，选择"中国"选项，单击"是"按钮。

（20）如图 6-1-20 所示，进行键盘布局设置。选择"微软拼音"选项，单击"是"按钮。

图 6-1-19　区域设置

图 6-1-20　键盘布局设置

（21）如图 6-1-21 所示，询问用户是否想要添加第二种键盘布局。此处单击"跳过"按钮。

（22）如图 6-1-22 所示，询问用户希望以何种方式进行设置。此处选择"针对个人使用进行设置"选项，单击"下一步"按钮。

图 6-1-21 添加第二种键盘布局　　　　图 6-1-22 选择某种方式进行设置

（23）如图 6-1-23 所示，界面显示通过 Microsoft 登录，如果用户有微软账户可直接在文本框中输入，如果用户没有微软账户，则可以创建账户。此外，用户也可以跳过此步骤，即在文本框内不输入任何内容，直接单击"下一步"按钮。

（24）如图 6-1-24 所示，若用户没有微软账户，则界面显示出现了问题，单击"跳过"按钮。

图 6-1-23 通过 Microsoft 登录　　　　图 6-1-24 用户没有微软账户时显示出现问题

（25）如图 6-1-25 所示，设置本地账户，输入用户自定义的本地账户名称，单击"下一步"按钮。

（26）如图 6-1-26 所示，设置账户密码，单击"下一步"按钮，并再次确认密码，单击"下一步"按钮。

（27）如图 6-1-27 所示，为此账户创建安全问题，并设置答案，单击"下一步"按钮。

（28）如图 6-1-28 所示，选择是否向 Microsoft 发送活动历史记录信息，单击"是"按钮。

（29）如图 6-1-29 所示，选择是否从数字助理获取帮助，单击"接受"按钮。

（30）如图 6-1-30 所示，为设备选择隐私设置。单击"接受"按钮。

图 6-1-25　设置本地账户

图 6-1-26　设置账户密码

图 6-1-27　为此账户创建安全问题

图 6-1-28　向 Microsoft 发送活动历史记录

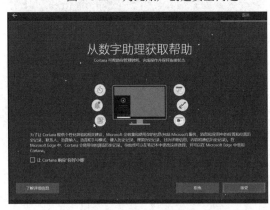

图 6-1-29　从数字助理获取帮助

图 6-1-30　为设备选择隐私设置

（31）如图 6-1-31 所示，进行桌面图标设置，此处建议用户把常用的功能图标设置为桌面图标。

（32）如图 6-1-32 所示，进入 Windows 10 的桌面，如果操作系统未被激活，就使用 Windows 10 激活工具进行激活。

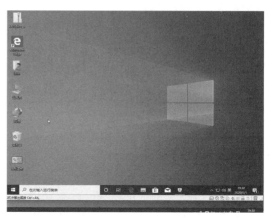

图 6-1-31 进行桌面图标设置　　　　　　图 6-1-32　Windows 10 桌面

微课视频

安装 Windows 10

任务拓展

Windows 10 版本介绍

Windows 10 共有 8 个版本：家庭版、专业版、企业版、教育版、移动版、移动企业版、专业工作站版和物联网核心版，各版本的功能如表 6-1 所示。

表 6-1　Windows 10 各版本的功能

版　本	功　能
Windows 10 家庭版 （Home）	Cortana 语音助手（选定市场）、Edge 浏览器、面向触控屏设备的 Continuum 平板电脑模式、Windows Hello（脸部识别、虹膜、指纹登录）、串流 Xbox One 游戏的能力、微软公司开发的通用 Windows 应用（Photos、Maps、Mail、Calendar、Groove Music 和 Video）、3D Builder
Windows 10 专业版 （Professional）	以 Windows 10 家庭版为基础，增添了管理设备和应用，保护敏感的企业数据，支持远程和移动办公，使用云计算技术。另外，该版本还带有 Windows Update for Business，微软公司承诺该功能可以降低管理成本、控制更新部署，让用户更快地获得安全补丁软件
Windows 10 企业版 （Enterprise）	以 Windows 10 专业版为基础，增添了大中型企业用来防范针对设备、身份、应用和敏感企业信息的现代安全威胁的先进功能，供微软公司的批量许可（Volume Licensing）客户使用，用户能选择部署新技术的节奏，包括使用 Windows Update for Business 选项。作为部署选项，企业版将提供长期服务分支（Long Term Servicing Branch）
Windows 10 教育版 （Education）	以企业版为基础，面向学校职员、管理人员、教师和学生。该版本通过面向教育机构的批量许可计划提供给客户，以便学校能够对 Windows 10 家庭版和 Windows 10 专业版进行升级
Windows 10 移动版 （Mobile）	面向尺寸较小、配置触控屏的移动设备，如智能手机和小尺寸平板电脑，集成与 Windows 10 家庭版相同的通用 Windows 应用和针对触控操作优化的 Office。部分新设备可以使用 Continuum 功能，因此连接外置大尺寸显示屏时，用户可以把智能手机作为个人计算机
Windows 10 移动企业版 （Mobile Enterprise）	以 Windows 10 移动版为基础，面向企业用户。该版本可供批量许可客户使用，增添了企业管理更新功能，以及及时获得更新和安全补丁软件的方式
Windows 10 专业工作站版 （Pro for Workstations）	Windows 10 专业工作站版增加了许多 Windows 10 专业版没有的功能，着重优化了多核处理及大文件处理技术，面向大企业用户及真正的"专业"用户，如 6TB 内存、ReFS 文件系统、高速文件共享和工作站模式
Windows 10 物联网核心版 （IoT Core）	面向小型低价设备，主要针对物联网设备。目前支持树莓派 2 代/3 代，Dragonboard 410c（基于骁龙 410 处理器的开发板），MinnowBoard MAX 及 Intel Joule

任务 6.2　安装 Ghost 系统

 任务描述

李东来同学刚组装完一台计算机，为了解决计算机系统崩溃问题，现向你请教在较短的时间内安装操作系统的方法。

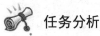 **任务分析**

前面介绍的安装 Windows 10 的过程比较复杂，耗时较长。其实，大多数用户想在较短的时间内完成操作系统的安装工作，而安装 Ghost 版系统就能够满足这方面的要求。

本任务将介绍安装 Ghost Windows 10 X64 V2020.04 装机特别版的方法。

 任务知识必备

6.2.1　Ghost 系统的主要特点

（1）使用微软公司正式发布的 Windows 10 X64 SP1 简体中文旗舰版，无人值守自动安装，无须输入序列号。

（2）安装完成后，使用 Administrator 账户直接登录系统，无须手动设置账号。

（3）系统使用 OEM 序列号自动激活，支持自动更新。

（4）更新系统补丁。

（5）便于快速安装和维护。

① 无人值守动安装，采用万能 Ghost 技术，安装用时为 5min~8min，适用于各种机型。

② 集成常见的硬件设备驱动程序，具备智能识别和预解压技术，绝大多数硬件可以快速自动安装相应的驱动程序。

③ 支持 IDE、SATA 光驱启动恢复安装，支持在 Windows 下安装，支持在 Windows PE（简称 WinPE）下安装。

④ 自带 Windows PE 和常用分区工具、DOS 工具，令装机、备份、维护轻松无忧。

⑤ 集成了 SATA/RAID/SCSI 驱动程序，支持 P45、MCP78、780G、690G 开启 SATA AHCI/RAID。

（6）运行稳定，兼容性好。

① 使用 Windows 10 X64 SP1 简体中文旗舰版作为源安装盘，通过正版验证，集成了很多新的安全补丁。

② 自动安装 AMD/Intel 双核 CPU 驱动和优化程序，发挥新平台的最大性能。

③ 支持网上银行操作，用户输入密码不会出现浏览器无响应的问题。

（7）预先优化与更新。

① 集成 DX 最新版、Microsoft Java 虚拟机、VB/VC 常用运行库、Microsoft XML 4.0 SP2、Microsoft Update 控件和 WGA 认证。

② 破解 UXTHEME，支持非官方主题。

③ 对系统仅做了适当的精简和优化，在追求速度的基础上充分保留原版的性能及兼容性。

④ 集成常用的办公、娱乐、维护和美化工具。

（8）使用智能与自动技术。

①智能检测笔记本电脑：如果是笔记本电脑，则自动关闭小键盘并打开无线及 VPN 服务。

②自动杀毒：在安装过程中，自动删除各分区下的 Autorun 病毒，删除灰鸽子变种及磁碟机病毒。

③智能分辨率设置：在安装过程中，可选择几种常见的分辨率，若用户不选择分辨率，则系统将只能识别最优分辨率，当用户第一次打开桌面时，分辨率已设置好。

6.2.2 集成软件

（1）微信 V2.8.0.1000 版。

（2）QQ 浏览器 V10.5.3868.400 版。

（3）软件管家 V1.1.13.110 版。

（4）爱奇艺 PPS 影音 V7.2.102.1343 版。

（5）腾讯视频 V10.31.5635.0 版。

（6）腾讯 QQ 2020 官方正式版。

（7）QQ 拼音输入法。

（8）2345 浏览器 V10.5 版。

（9）搜狗浏览器 V8.6.1.31812 版。

（10）火驰 PDF 阅读器 V1.1.23.313 版。

（11）酷狗音乐 2020 官方正式版。

 任务实施

（1）安装前的准备工作。制作启动 U 盘，下载 Ghost 版 Windows 10 镜像文件，并存储到启动 U 盘中，将硬盘模式改为 AHCI 模式；将准备好的启动 U 盘插在计算机的 USB 接口上，然后重启计算机，当出现开机画面时，按快捷键进入 U 盘启动界面，如图 6-2-1 所示。

安装 Ghost 系统通常有两种方法：第一种方法，在 U 盘启动界面中选择 Windows PE，然后在 Windows 环境中安装 Ghost 系统；第二种方法，在 U 盘启动界面中选择 Ghost 系统，即直接在 DOS 环境中加载 Ghost 系统。本任务选择第一种方法，因为 Windows 32 位模式比 DOS 16 位模式的文件复制速率快。在图 6-2-1 所示的界面中，选择 "【02】大白菜 Win8 PE 高级版（新机器）" 选项，启动 Windows 8 PE。

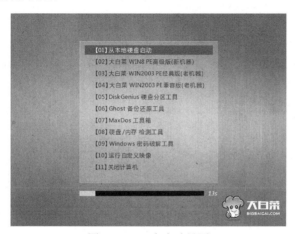

图 6-2-1 U 盘启动界面

说明：笔者使用的启动 U 盘集成的是 Windows 8 PE，并不是 Windows 10 PE，因为使用了多年的计算机并不适合新版的 Windows PE，可能导致启动速度变慢。

（2）如果硬盘中有重要资料，则应当提前备份资料。如果硬盘已有系统分区，或者系统分区被设置为激活状态，则可以直接安装 Ghost 系统；如果硬盘未分区，则请读者参照"项目 5"，并使用本系统附带的 DiskGenuis、PQ 等工具完成硬盘的分区、硬盘的格式化、活动分区的设置等操作。读者也可使用本系统的一键分区功能对硬盘进行快速分区。WinPE 界面如图 6-2-2 所示。

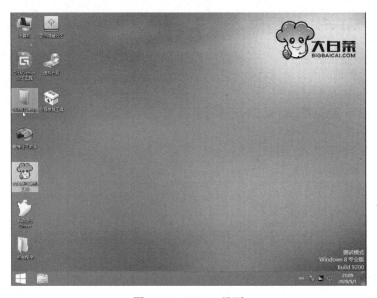

图 6-2-2　WinPE 界面

（3）弹出"大白菜 PE 装机工具"对话框，如图 6-2-3 所示。选中"还原分区"单选钮，在"映像文件路径"下方的下拉菜单中会自动显示启动 U 盘的系统镜像文件位置（C:\GHO\win10-64.GHO），然后选择目标分区，系统一般安装在第一个分区，此处选择"E:"，最后，单击"确定"按钮。

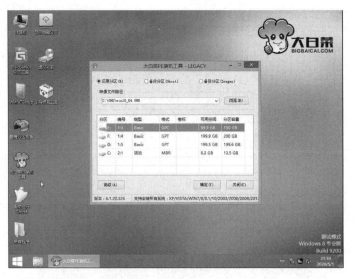

图 6-2-3　"大白菜 PE 装机工具"对话框

（4）如图 6-2-4 所示，在弹出的对话框中选中"添加引导"复选框，如果有 NVMe 设备和 USB3.0 设备，需要选中相应的注入驱动复选框，并单击"确定"按钮，然后开始执行镜像文件的恢复与安装操作，如图 6-2-5 所示。Ghost 系统镜像文件恢复完成后，如图 6-2-6 所示，弹出对话框，询问是否马上重启计算机，单击"是"按钮。

（5）重新启动计算机，取出启动 U 盘，设置计算机启动顺序为硬盘启动，加载 Windows 10，如图 6-2-7 所示。

（6）进入安装驱动界面，系统自动检索计算机所需的硬件设备驱动程序，并自动安装驱动程序，如图 6-2-8 所示。

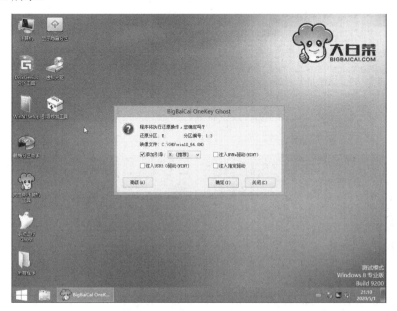

图 6-2-4　选中"添加引导"复选框

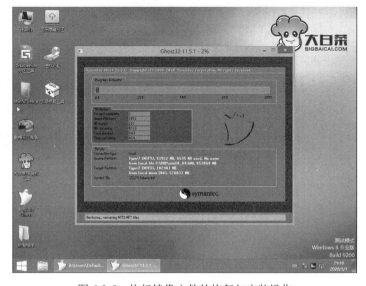

图 6-2-5　执行镜像文件的恢复与安装操作

图 6-2-6　Ghost 系统镜像文件恢复完成后

图 6-2-7　加载 Windows 10

图 6-2-8　安装驱动界面

（7）安装 DirectX 9.0c，如图 6-2-9 所示；安装 Visual C++运行库，如图 6-2-10 所示。

图 6-2-9　安装 DirectX 9.0c

图 6-2-10　安装 Visual C++运行库

（7）安装完成后，重新启动计算机，系统加载界面如图 6-2-11 所示。

（8）进行网络设置，如图 6-2-12 所示。

图 6-2-11　系统加载界面

图 6-2-12　进行网络设置

（9）网络设置完成后，显示 Windows 10 桌面，如图 6-2-13 所示。

（8）系统自动安装集成的软件，安装完成后如图 6-2-14 所示。

图 6-2-13　Windows 10 桌面

图 6-2-14　系统自动安装集成的软件

微课视频

安装 Ghost 版系统

 任务拓展

UEFI 引导修复

（1）UEFI 引导基本原理。

① ESP 引导分区。ESP 引导分区指存放 EFI 引导文件的 GPT 格式的磁盘分区，在 MBR 格式的磁盘中，ESP 引导分区也可以由任意 FAT 格式的磁盘分区代替。

② EFI 的文件结构如下。

```
efi\boot\bootx64.efi
efi\microsoft\boot\bcd
```

③ EFI 的启动过程。

UEFI BIOS 启动时，自动查找硬盘下 ESP 引导分区的 bootx64.efi，然后由 bootx64.efi 引导

EFI 下的 BCD 文件，由 BCD 文件引导指定的系统文件（c:\windows\system32\winload.efi）。

（2）BCDBoot（引导修复工具）的使用方法。

BCDBoot 是一款非常实用的 UEFI 引导修复工具，用于快速设置系统分区或修复系统分区上的启动环境。系统分区是通过从已安装的 Windows（R）映像复制一小部分启动环境文件设置的。BCDBoot 还会在系统分区上创建引导配置数据（BCD）存储，该存储包含一个新的引导项，用于引导到已安装的 Windows 映像。

BCDBoot 可以对重装 GPT 格式的磁盘分区时所发生的引导故障进行修复。

BCDBoot 的常用命令如下：

bcdboot c:\windows /s t: /f uefi /l zh-cn

参数的含义如下。

- c:\windows 表示系统目录，若想查看系统所在的磁盘，就输入相应的盘符。
- /s t:用于指定 ESP 引导分区所在的磁盘，这里指定为"t"盘。
- /f uefi 用于指定启动方式为 UEFI，请注意，在"/f"与"uefi"之间要输入空格。
- /l zh-cn 用于指定 UEFI 启动界面的语言为简体中文。

（3）BCDrepair 引导修复工具。

① 进入 Windows PE，执行"开始"→"引导修复"→"BCDrepair 引导修复工具"菜单命令，如图 6-2-15 所示。

② 在弹出的"BCDrepair 引导修复工具"窗口中，根据需求，选择"1.按照当前引导方式修复引导"选项，即输入"1"并按 Enter 键，如图 6-2-16 所示。

图 6-2-15　Windows PE 的开始菜单

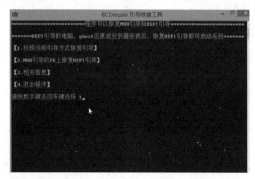

图 6-2-16　"BCDrepair 引导修复工具"窗口

③ 在窗口的下一个界面中，选择"1.自动修复"选项，即输入"1"并按 Enter 键，如图 6-2-17 所示。

④ 随后，界面提示"修复已完成"，如图 6-2-18 所示。

图 6-2-17　选择"1.自动修复"选项

图 6-2-18　界面提示"修复已完成"

任务6.3 安装驱动程序

 任务描述

张鹏同学刚组装完一台计算机，已经成功安装 Windows10，现需要了解安装计算机驱动程序的方法，以便对计算机进行日常维护。

 任务分析

驱动程序是添加到操作系统中的一小块代码，这部分代码包含有关硬件设备的信息，有了这些信息，计算机就可以与硬件设备进行正常通信。从理论上讲，要给所有的硬件设备都安装对应的驱动程序，否则这些硬件设备可能无法正常工作。通常情况下，为计算机安装完操作系统后，就应该为硬件设备安装驱动程序了。

 任务知识必备

6.3.1 安装驱动程序的原则

（1）安装驱动程序的顺序。首先，为板载设备安装驱动程序；然后，为内置板卡安装驱动程序；最后，为外围设备安装驱动程序。例如，如果没有安装 AGP 显卡的补丁，则可能造成死机或频繁出现黑屏现象，因此，安装声卡、网卡等板卡的驱动程序前，应先安装 AGP 显卡的补丁。再比如，Modem 和打印机的驱动程序通常最后安装，其原因是内置的 Modem 可能与鼠标或打印机抢夺系统资源，如争夺 IRQ 中断号。因此，安装完 IDE 和显卡的驱动程序后，再安装 Modem 的驱动程序。

（2）驱动程序版本的安装顺序。一般来说，新版的驱动程序会比旧版的驱动程序好一些；厂商提供的驱动程序优于公版的兼容驱动程序。

（3）特殊设备的驱动程序。有些特殊设备虽然已经安装好了，但 Windows 无法发现它们，遇到这种情况，建议安装厂商提供的驱动程序。

（4）摄像头的驱动程序。对大多数硬件设备而言，通常先安装硬件，再安装对应的驱动程序；而安装摄像头的驱动程序比较特殊，对大部分摄像头而言，通常先安装对应的驱动程序，再安装硬件。

6.3.2 安装驱动程序的常见方法

1."傻瓜式"安装方法

目前，大部分主板都提供"傻瓜式"的驱动程序安装方法，即在驱动程序光盘中加入了 Autorun 自启动文件，只要将光盘放入计算机的光驱中，光盘便会自动启动。然后，操作者在启动界面中单击相应的驱动程序名称，就可以自动安装驱动程序。如果没有自动弹出启动界面，那么可以双击驱动程序光盘中的"Setup.exe"可执行文件，打开启动界面，根据提示完成驱动程序的安装。

2. 使用设备管理器

使用设备管理器可以更改计算机部分硬件设备的配置，获取相关硬件设备的驱动程序信息，以及更新、禁用、停用或启用相关硬件设备等。所有的 Windows 都有设备管理器，但不同版本的操作系统，设备管理器的使用方法略有不同。以 Windows 10 为例，右击桌面上的"此电脑"图标，在弹出的快捷菜单中选择"管理"选项，弹出"计算机管理"对话框，在左侧的列表中选择"设备管理器"选项，在对话框的中间位置显示"设备管理器"区域。

如果在"设备管理器"区域中没有打问号和感叹号的选项，表明该计算机已经安装了所有硬件设备的驱动程序。如果某些硬件设备的驱动程序还没有被安装，则这些硬件设备的名称会在"其他设备"选项中出现。如果某些硬件设备的名称前有"？"，则应将当前有问题的驱动程序删除，再重新安装驱动程序；安装外围设备的驱动程序前，应先确定外围设备的端口是否可用。对于某些非必要的硬件设备，可以在 BIOS 中将其禁用，这样可以避免设备资源冲突。如果出现硬件设备中断号冲突，则可以为发生冲突的硬件设备分配可用的资源。

一般情况下，在"设备管理器"区域中，单击硬件设备类型前面的"＋"按钮，显示硬件设备列表，右击需要安装驱动程序的硬件设备名称（如即插即用监视器），在弹出的快捷菜单中选择"更新驱动程序软件"选项，打开"更新驱动程序"对话框，即可根据提示安装相应的驱动程序。

3．使用"高级显示属性"对话框

安装显示器或显卡的驱动程序，可以在"高级显示属性"对话框中完成。以 Windows 10 为例，右击桌面空白处，在弹出的快捷菜单中选择"显示设置"选项，弹出"显示"对话框，单击"高级显示设置"按钮，弹出"高级显示设置"对话框，再单击"显示适配器属性"按钮，在弹出的对话框中单击"属性"按钮，弹出新的对话框，选择"驱动程序"选项卡，在此可以安装或更新驱动程序。

4．打印机（或扫描仪）的驱动程序

安装打印机（或扫描仪）的驱动程序与安装一般驱动程序的方法一样。当打印机与计算机连接好后，打开打印机的电源，Windows 可以自动检测到新硬件，用户此时只要指定安装一个驱动程序就可以了。如果操作系统没有检测到新硬件，则执行"开始"→"设置"→"设备"菜单命令，弹出"打印机和扫描仪"对话框，单击"添加打印机和扫描仪"按钮，弹出"欢迎使用添加打印机向导"对话框，再根据提示安装驱动程序。

6.3.3 获取驱动程序的主要途径

1．Windows 附带的驱动程序

Windows 附带了鼠标、光驱等硬件设备的驱动程序，这些硬件设备无须单独安装驱动程序就能正常使用，因此，我们把这类驱动程序称为标准驱动程序。除鼠标、光驱等硬件设备的驱动程序外，Windows 还为其他硬件设备（如大品牌的显卡、声卡、网卡、Modem、打印机、扫描仪等）提供了大众化的驱动程序，不过，Windows 附带的驱动程序都是微软公司制作的，其性能没有硬件设备厂商提供的驱动程序好。

2．硬件设备厂商提供的驱动程序

一般来说，厂商通常会为其生产的硬件设备开发专门的驱动程序，并采用光盘的形式储存驱动程序，以便销售硬件设备时一并提供。

3．通过互联网下载驱动程序

通过互联网可以下载最新的驱动程序。厂商一般会在其官网提供硬件设备的驱动程序，以便用户下载，这些驱动程序多数会更新到最新版本，用户可以根据需要，对驱动程序升级。除硬件设备厂商的官网外，诸如驱动之家、太平洋电脑网等也提供驱动程序的下载服务。

任务实施

1. 初始化

（1）将准备好的主板驱动程序光盘（本任务以技嘉 GA-MA69G-S3H 为例）放入光驱。光盘自运行后，弹出启动界面，如图 6-3-1 所示。

（2）如图 6-3-2 所示，系统自动检测需要安装的驱动程序，包括芯片组驱动程序、网卡驱动程序、声卡驱动程序等，因为显卡是独立显卡，没有使用该主板的内置显卡，所以此处没有显示显卡驱动程序。

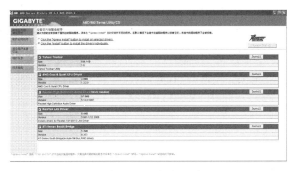

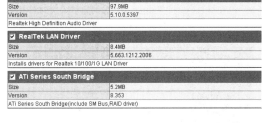

图 6-3-1　启动界面　　　　　　　　图 6-3-2　系统自动检测需要安装的驱动程序

2. 安装主板驱动程序

（1）单击启动界面中"ATI Series South Bridge"复选框后面的"Install"按钮，弹出对话框，进入准备安装界面，如图 6-3-3 所示。

（2）如图 6-3-4 所示，进入主板驱动程序的安装向导界面，单击"下一步"按钮。

图 6-3-3　主板驱动程序的准备安装界面　　　图 6-3-4　主板驱动程序的安装向导界面

（3）如图 6-3-5 所示，进入主板驱动程序的许可证协议界面，单击"是"按钮。

（4）如图 6-3-6 所示，进入主板驱动程序的安装状态界面。

（5）如图 6-3-7 所示，主板驱动程序安装完成，单击"完成"按钮，重新启动计算机使其生效。

3. 安装网卡驱动程序

（1）单击启动界面中"REALTEK LAN Driver"复选框后面的"Install"按钮，弹出对话框，进入准备安装界面，如图 6-3-8 所示。

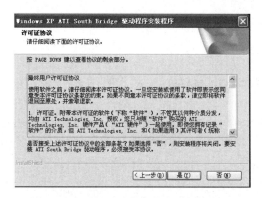

图 6-3-5　主板驱动程序的许可证协议界面

图 6-3-6　主板驱动程序的安装状态界面

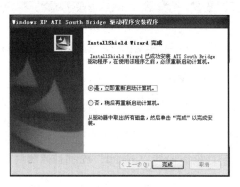

图 6-3-7　主板驱动程序安装完成

图 6-3-8　网卡驱动程序的准备安装界面

（2）如图 6-3-9 所示，进入网卡驱动程序的安装向导界面，单击"下一步"按钮。

（3）如图 6-3-10 所示，进入网卡驱动程序的安装确认界面，单击"安装"按钮，安装网卡驱动程序。

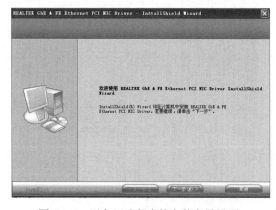

图 6-3-9　网卡驱动程序的安装向导界面

图 6-3-10　网卡驱动程序的安装确认界面

（4）如图 6-3-11 所示，进入网卡驱动程序的安装状态界面。

（5）如图 6-3-12 所示，网卡驱动程序安装完成，单击"完成"按钮。

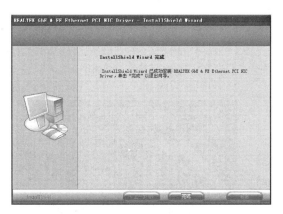

图 6-3-11　网卡驱动程序的安装状态界面　　　　图 6-3-12　网卡驱动程序安装完成

4．安装声卡驱动程序

（1）单击启动界面中"Realtek Definition Audio Driver"复选框后面的"Install"按钮，弹出对话框，进入准备安装界面，如图 6-3-13 所示。

（2）如图 6-3-14 所示，进入声卡驱动程序的安装向导界面，单击"下一步"按钮。

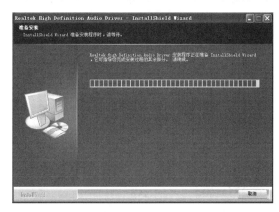

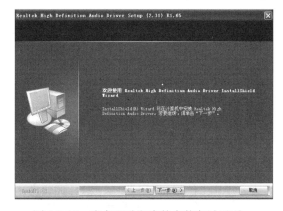

图 6-3-13　声卡驱动程序的准备安装界面　　　　图 6-3-14　声卡驱动程序的安装向导界面

（3）如图 6-3-15 所示，进入声卡驱动程序的安装状态界面。

（4）如图 6-3-16 所示，声卡驱动程序安装完成，单击"完成"按钮，重新启动计算机使其生效。

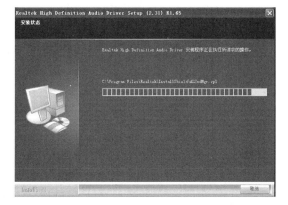

图 6-3-15　声卡驱动程序的安装状态界面　　　　图 6-3-16　声卡驱动程序安装完成

5. 安装显卡驱动程序

（1）将显卡的驱动程序光盘放入光驱。如图 6-3-17 所示，光盘自动运行，进入启动界面，选择"Display Adapter Driver Setup"选项。

（2）如图 6-3-18 所示，进入安装选择界面，选择"Video 简易安装"选项。

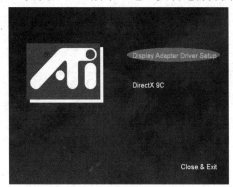

图 6-3-17　显卡驱动程序的启动界面　　　　图 6-3-18　显卡驱动程序的安装选择界面

（3）如图 6-3-19 所示，弹出"安装"对话框，显示安装程序的准备进度。

（4）如图 6-3-20 所示，弹出"ATI 软件"对话框，进入显卡驱动程序的安装向导界面，单击"下一步"按钮。

图 6-3-19　显示安装程序的准备进度　　　　图 6-3-20　显卡驱动程序的安装向导界面

（5）如图 6-3-21 所示，进入显卡驱动程序的许可证协议界面，单击"是"按钮。

（6）如图 6-3-22 所示，进入选择组件界面，选择要安装的组件，此处单击"快速安装：推荐"按钮。

图 6-3-21　显卡驱动程序的许可证协议界面　　　　图 6-3-22　选择组件界面

（7）如图 6-3-23 所示，弹出对话框，显示安装向导的准备进度。

（8）如图 6-3-24 所示，对话框显示正在复制文件。

图 6-3-23　安装向导的准备进度

图 6-3-24　正在复制文件

（9）如图 6-3-25 所示，进入显卡驱动程序的安装状态界面。

（10）如图 6-3-26 所示，显卡驱动程序安装完成，单击"结束"按钮，重新启动计算机使其生效。

图 6-3-25　显卡驱动程序的安装状态界面

图 6-3-26　显卡驱动程序安装完成

 任务拓展

驱动精灵的使用方法

（1）请读者自行下载并安装驱动精灵 2013，启动界面如图 6-3-27 所示。

（2）选择"硬件检测"选项，单击"硬件概览"选项卡，查看计算机的硬件概要，如图 6-3-28 所示。

图 6-3-27　驱动精灵 2013 的启动界面

图 6-3-28　查看计算机的硬件概要

（3）在左侧的列表中，选择"处理器信息"选项，在界面中显示计算机的处理器信息，如图 6-3-29 所示。

（4）在左侧的列表中，选择"主板信息"选项，在界面中显示计算机的主板信息，如图 6-3-30 所示。

图 6-3-29　计算机的处理器信息　　　　　　图 6-3-30　计算机的主板信息

（5）在左侧的列表中，选择"内存信息"选项，在界面中显示计算机的内存信息，如图 6-3-31 所示。

（6）在左侧的列表中，选择"显卡信息"选项，在界面中显示计算机的显卡信息，如图 6-3-32 所示。

用户可以根据实际需要，查看其他设备的信息。

图 6-3-31　计算机的内存信息　　　　　　图 6-3-32　计算机的显卡信息

（7）在启动界面中，选择"驱动程序"选项，单击"标准模式"选项卡，界面如图 6-3-33 所示，驱动程序默认为标准模式，用户可以根据需要下载并安装驱动程序。

（8）单击"玩家模式"选项卡，界面如图 6-3-34 所示，在该模式下，用户可以根据需要下载并安装显卡、声卡、网卡的驱动程序。

（9）单击"驱动微调"选项卡，界面如图 6-3-35 所示，用户可以根据需要对硬件设备的驱动程序进行优化。

（10）在启动界面中，选择"系统补丁"选项，界面如图 6-3-36 所示，用户可以根据需要，安装合适的系统漏洞补丁，以提高系统的安全性能。

图 6-3-33　标准模式界面　　　　　　　　图 6-3-34　玩家模式界面

图 6-3-35　驱动微调界面　　　　　　　　图 6-3-36　系统补丁界面

（11）在启动界面中，选择"软件管理"选项，界面如图 6-3-37 所示，用户可在"软件宝库"和"游戏宝库"选项卡中下载相关软件，在"软件升级"和"软件卸载"选项卡中对软件进行升级与卸载。

图 6-3-37　软件管理界面

（12）在启动界面中，选择"百宝箱"选项，界面如图 6-3-38 所示，用户可以安装驱动程序、备份驱动程序和恢复驱动程序，安装其他特定的软件，驱动备份界面如图 6-3-39 所示，驱动还原界面如图 6-3-40 所示。

图 6-3-38　百宝箱界面

图 6-3-39　驱动备份界面　　　　　　　　图 6-3-40　驱动还原界面

项目实训　安装各种计算机操作系统

 项目描述

公司最近购买了一批计算机，需要你给不同工作岗位的计算机安装合适的操作系统。

 项目要求

（1）正常安装 Windows 10。
（2）使用 Ghost XP 安装 Windows 10。
（3）安装计算机硬件设备的驱动程序。

项目提示

本项目涉及的操作系统只有两种，但是，读者应当做到举一反三。作为一名计算机维护人员，必须根据客户的各种需求准确判断，为其安装合适的操作系统，在掌握了 Windows 10 安装方法的基础上，进一步学习 Windows 2016 Server、Redhat linux 等操作系统的安装方法。

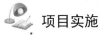

项目实施

本项目可在有网络条件的计算机实训室进行，采用 3 人一组的方式进行操作，每组的任务可自行分配，项目内容包括：设置计算机硬件设备的引导顺序，对硬盘进行分区、格式化，安装操作系统。正常安装 Windows 10 的实施时间为 80 分，使用 Ghost XP 安装 Windows 10 的实施时间为 40 分。

通过实施本项目，可巩固学生所学的知识和技能，促进学生将知识点融会贯通，加强学生的团队协作能力，培养学生的职业素养，提高学生的职业技能水平。

项目评价

项目实训评价表

	内　容	评　价		
	知识和技能目标	3	2	1
职业能力	了解常见的操作系统			
	了解 Ghost 系统			
	正常安装 Windows 10			
	使用 Ghost XP 安装 Windows 10			
	熟练掌握各种驱动程序的安装方法			
通用能力	语言表达能力			
	组织合作能力			
	解决问题能力			
	自主学习能力			
	创新思维能力			
综合评价				

安装常用软件

没有软件的计算机无法运行任何事务，常用软件即常用的应用软件。应用软件指用户利用特定的系统为解决问题而编制的一系列计算机程序，包括工具软件、办公软件等。我们经常使用的多媒体播放软件（如暴风影音）、绘图软件（如 Photoshop）、电子表格软件（如 Excel）、游戏软件（如实况足球）等都属于应用软件。

 知识目标

了解常用的办公软件。
了解常用的工具软件。

 技能目标

熟练安装常用的办公软件。
熟练安装常用的工具软件。

 **思政目标**

通过讲解 WPS 等国产办公软件的发展历程，激发学生的爱国情怀，并鼓励学生自觉学习科学知识，追求真理，练就精湛技术。

通过讲解正版软件的激活操作，引导学生树立知识产权保护意识，培养学生做人做事要遵章守纪，做一个合格的公民。

任务 7.1　安装常用的办公软件

 任务描述

王明的办公室计算机已经安装完操作系统和驱动程序，现请你帮助他为计算机安装常用的办公软件。

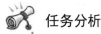 **任务分析**

作为计算机维护人员，安装常用的办公软件是一项基本技能。安装办公软件时，要根据用户的需求选择合适的办公软件，并能够熟练地安装办公软件，本任务介绍 Microsoft Office 2010 的自定义安装方法和 Adobe Photoshop CS 的安装方法。

 任务知识必备

7.1.1　常用办公软件简介

如今，计算机已经融入了我们的日常工作和生活。很多人都要使用办公软件，无论是起草文件、撰写报告，还是统计、分析数据，都离不开办公软件的支持，办公软件已经成为我们日常工作的必备基础软件。除此之外，我们有时也会把协同 OA 系统、图像处理软件纳入办公软件的范畴，它们也是支撑办公应用的一部分，尽管其覆盖的用户范围有限。

随着国内办公软件 WPS 在互联网时代的重新崛起，腾讯文档的横空出世，以及国外 Google Docs 的快速普及，微软办公软件 Office 365 的推出，计算机的自主可控替代环境也日趋成熟，办公软件的产品形态和市场格局到了发展的关键拐点。这势必关乎相关企业的研发投入、产业定位与宏观决策。

目前，计算机被用于各种数据处理、生产管理、企业服务等环节。计算机数据库是计算机办公自动化技术的关键。计算机数据库具有非常强大的功能，可以借助信息存储和管理设备为企业领导和员工提供便利。各类应用软件研发企业积极采用先进的数据处理技术改进办公应用系统，提高办公应用系统的灵活性和稳定性，以确保企业数据的安全性，减少不必要的损失。

下面，我们介绍几种常用的、比较基础的办公软件。

7.1.2　常用办公软件分类

1．文字处理软件

我们经常使用的办公软件 Word 就是一款文字处理软件。用户可以在 Word 中编辑文字、调整文档布局，以比较美观的方式将文档打印出来。文字处理软件在企业的办公过程中具有重要的意义。一方面，文字处理软件可用于编辑、排版、校对和印刷。另一方面，文字处理软件占用的存储空间少，文件的传输和备份操作比较方便，有利于提高工作效率。总之，文字处理软件是办公过程中最常用的计算机软件，是提高办公质量，实现无纸化办公的重要工具之一。

2．图像处理软件

使用图像处理软件可以对图片进行快速处理。图像处理软件被广泛用于图像制作、平面广告设计、包装设计等业务。Photoshop（简称 PS）是目前应用最广泛的图像处理软件之一，其功能强大，能够满足不同人群的需求。

3．数据处理软件

计算机具有强大的数据处理能力，可以处理各种数据材料，因此，在办公过程中经常会用到数据处理软件。使用数据处理软件，可以显著地提高办公效率，提高日常工作的办公自动化水平。数据处理主要包括数据的收集、存储、处理、整理、检索和发布。Excel 就是一款常用的数据处理软件，使用该软件可以实现常用的数据处理功能。

 任务实施

1．安装 Microsoft Office 2010

（1）购买正版的 Microsoft Office 2010（以下简称 Office 2010）光盘，将光盘放入光驱，为了使用方便，建议读者将安装文件复制到本地硬盘进行存储，双击安装程序 setup.exe，弹出对话框，显示正在准备必要的文件，如图 7-1-1 所示。

（2）准备好文件后，显示软件许可证条款，如图 7-1-2 所示，选中"我接受此协议的条款"复选框，单击"继续"按钮。

（3）如图 7-1-3 所示，选择合适的安装类型："立即安装"或"自定义"，这里单击"自定义"按钮，用于选择必要的组件。

（4）如图 7-1-4 所示，单击"安装选项"选项卡，右击某个选项，弹出快捷菜单，从"全部安装""部分安装""不安装组件"三个选项中选择合适的安装方式，选择完成后，对话框下方会显示所选的选项占用的硬盘空间（所需驱动器空间总大小）。

图 7-1-1　正在准备必要的文件

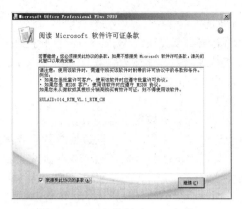

图 7-1-2　显示软件许可证条款

图 7-1-3　选择合适的安装类型

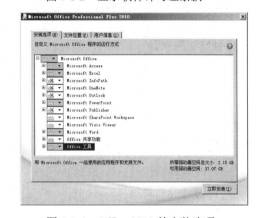

图 7-1-4　Office 2010 的安装选项

（5）如图 7-1-5 所示，单击"文件位置"选项卡，设置软件的安装路径，这里采用默认路径。

（6）如图 7-1-6 所示，单击"用户信息"选项卡，在文本框内输入用户信息（全名、缩写、公司/组织），当然也可以不输入。

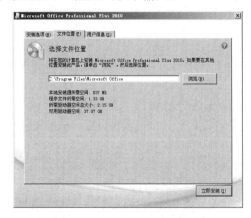

图 7-1-5　Office 2010 的安装路径

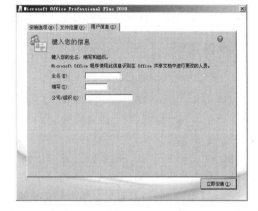

图 7-1-6　Office 2010 的用户信息

（7）如图 7-1-7 所示，显示 Office 2010 的安装进度，用户只需耐心等待，直到软件安装完成。

（8）如图 7-1-8 所示，Office 2010 安装完成，单击"关闭"按钮。此时，开始菜单已经生成 Microsoft Office 菜单选项，为了使用方便，可以将其快捷方式发送到桌面，如图 7-1-9 所示。

图 7-1-7 Office 2010 的安装进度　　　　　　　　图 7-1-8 Office 2010 安装完成

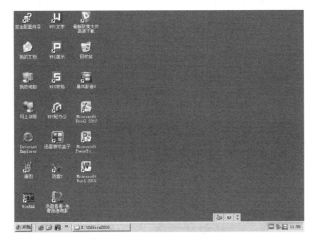

图 7-1-9 Office 2010 各种软件的桌面快捷方式

微课视频

安装 Office 2010

微课视频

安装 Office 2016

2. 安装 Adobe Photoshop CS

（1）购买正版的 Adobe Photoshop CS（简称 Photoshop）光盘，将光盘放入光驱，为了使用方便，建议读者将安装文件复制到本地硬盘进行存储，双击 setup.exe 可执行文件，弹出对话框，显示正在准备安装向导，如图 7-1-10 所示。

图 7-1-10 准备安装向导

（2）如图 7-1-11 所示，弹出"Adobe Photoshop CS 和 ImageReady CS 安装程序"对话框，单击"下一步"按钮。

（3）如图 7-1-12 所示，显示软件许可协议，单击"是"按钮，即同意协议并继续安装。

图 7-1-11 "Adobe Photoshop CS 和 ImageReady CS 安装程序"对话框

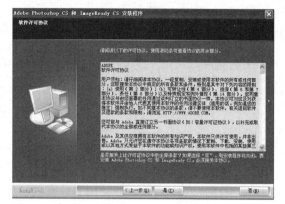

图 7-1-12 软件许可协议

（4）如图 7-1-13 所示，在对话框的文本框内输入客户信息，单击"下一步"按钮。

（5）如图 7-1-14 所示，弹出对话框，提示用户核对注册信息，若信息无误，则单击"是"按钮，否则单击"否"按钮，返回修改。

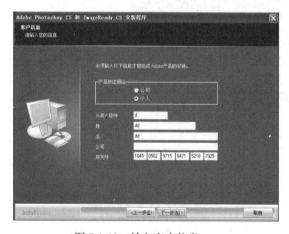

图 7-1-13 输入客户信息

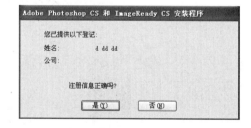

图 7-1-14 核对注册信息

（6）如图 7-1-15 所示，选择目的地位置（安装路径），这里选择默认位置，单击"下一步"按钮。

（7）如图 7-1-16 所示，进行文件关联，即选择该软件可以打开的文件类型，单击"下一步"按钮。

（8）如图 7-1-17 所示，请用户核对已设置的安装类型、目标目录、"开始"菜单位置等信息，若信息无误，则单击"下一步"按钮，否则单击"上一步"按钮，进行修改。

（9）如图 7-1-18 所示，显示软件的安装进度，请用户等待，直到软件安装完成。

（10）如图 7-1-19 所示，软件安装完成，"显示 Photoshop 自述文件"复选框默认被选中，用户也可以取消该复选框的选中状态，即不查看文件，单击"完成"按钮。

（11）如图 7-1-20 所示，最后弹出对话框，显示感谢信息，单击"确定"按钮。

图 7-1-15 选择目的地位置

图 7-1-16 文件关联

图 7-1-17 核对已设置的信息

图 7-1-18 显示软件的安装进度

图 7-1-19 软件安装完成

图 7-1-20 显示感谢信息

 任务拓展

安装 WPS Office 2019

金山公司开发的 WPS Office 经过多年的发展，在我国及部分亚洲国家的办公软件市场中占有一定份额，是国产软件中较成功的办公系统。WPS Office 有两种常用的版本，其中，WPS Office 个人版免费，WPS Office 企业版收费，本任务主要介绍 WPS Office 2019 个人版的安装方法。

（1）登录 WPS 官方网站，寻找 WPS Office 2019 个人版，单击"立即下载"按钮下载安装程序，下载完成后，双击安装程序，启动安装向导，如图 7-1-21 所示。

（2）选中"已阅读并同意金山办公软件许可协议和隐私策略"复选框，单击"立即安装"按钮。

（3）如图 7-1-22 所示，正在安装 WPS Office，用户只需耐心等待，直到软件安装完成。

图 7-1-21　WPS Office 安装向导

图 7-1-22　正在安装 WPS Office

（4）WPS Office 安装完成后，进入欢迎界面，单击"开始探索"按钮，进入皮肤中心界面，如图 7-1-23 所示，用户可以选择喜欢的皮肤，选择完成后，单击"启动 WPS"按钮。

（5）如图 7-1-24 所示，进入用户选择界面，个人版用户可以免费使用软件，企业版用户需要付费使用软件。此处单击"免费使用"按钮。

（6）如图 7-1-25 所示，进入 WPS Office 账号登录界面，用户可以选择不同的登录方式，此步骤也可跳过。

（6）如图 7-1-26 所示，进入 WPS Office 操作界面，至此，WPS Office 2019 个人版安装完成。

图 7-1-23　皮肤中心界面

图 7-1-24　用户选择界面

图 7-1-25   WPS Office 账号登录界面

图 7-1-26   WPS Office 操作界面

微课视频

安装 WPS Office 2019

任务 7.2   安装常用的工具软件

 任务描述

张飞燕已经给办公室中的计算机安装了操作系统、驱动程序和办公软件，现希望你提供帮助，为计算机安装常用的工具软件。

 任务分析

作为计算机维护人员，安装常用的工具软件是一项基本技能。安装工具软件时，要根据用户的需求选择合适的工具软件，并能够熟练安装常用的工具软件。本任务主要介绍压缩工具软件WinRAR、媒体播放软件暴风影音、下载软件迅雷的安装方法。

 任务知识必备

7.2.1　工具软件简介

工具软件指在计算机中用于工作和学习的常用软件。

1．工具软件的特点

（1）占用空间小。一般只有几兆字节到几十兆字节，安装软件后，其占用的磁盘空间较小。

（2）功能单一。每个工具软件都是为了满足用户的某些特定需求而设计的，故其功能比较单一。

（3）可免费使用。大部分工具软件可以从网上直接下载，供用户免费使用。

（4）使用方便。

（5）更新较快。

2．工具软件的分类

（1）系统类：硬件工具软件、系统维护工具软件、美化系统工具软件。

（2）图像类：创建、编辑、修改、查看图像的软件。

（3）多媒体类：音频播放软件、视频播放软件、文件格式转换软件。

（4）网络类：云盘、浏览器、聊天软件等。

（5）游戏类：游戏盒子。

（6）其他类。

7.2.2　常用的工具软件

（1）中文输入法：搜狗拼音、紫光拼音、万能五笔、极品五笔等。

（2）网页浏览：IE 浏览器、搜狗浏览器、百度浏览器、360 安全浏览器、QQ 浏览器等。

（3）压缩工具：WinRAR、7-Zip、WinZip、WinAce、HaoZip 等。

（4）下载工具：迅雷、网际快车、超级旋风、影音传送带等。

（5）杀毒软件：诺顿、卡巴斯基、360 杀毒、金山毒霸、瑞星杀毒等。

（6）媒体播放：暴风影音、迅雷影音、Windows Media Player、Realplayer 等。

（7）MP3 播放：网易云音乐、酷狗、Winamp、千千静听、Foobar 等。

（8）虚拟光驱：DEAMON Tools、WinISO、碟中碟虚拟光驱、UltraISO 等。

（9）光盘刻录：Nero Burning ROM、Alcohol 120%、EasyCD Creator、CDRWin 等。

（10）截屏软件：HyperSnap、红蜻蜓抓图精灵、QQ 等。

（11）辅助测试：EVEREST、SiSoftware Sandra、HWiNFO、PCMark05 等。

（12）看图软件：ACDSee、Windows 照片和传真查看器、美图看看等。

任务实施

1. WinRAR 的安装

（1）从正规渠道下载 WinRAR 自解压程序，并复制到本地计算机中，双击该程序，弹出对话框，如图 7-2-1 所示，单击"浏览"按钮，设置安装路径，用户也可以使用默认路径，单击"安装"按钮，开始安装软件。

（2）如图 7-2-2 所示，设置软件的关联文件类型等参数，单击"确定"按钮。

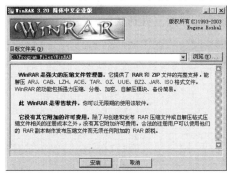
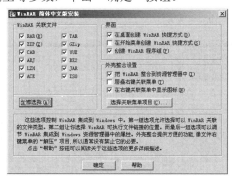

图 7-2-1　设置安装路径　　　　　　　图 7-2-2　设置软件的关联文件类型等参数

（3）如图 7-2-3 所示，显示安装信息，单击"完成"按钮，WinRAR 安装完成。

（4）运行 WinRAR，软件的工作界面如图 7-2-4 所示。

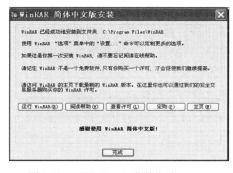

图 7-2-3　WinRAR 安装完成　　　　　　图 7-2-4　WinRAR 的工作界面

（5）如图 7-2-5 所示，右击 WinRAR 关联的文件包，可对其解压缩。

（6）如图 7-2-6 所示，右击文件夹或文件，可将其转换为压缩包文件。

图 7-2-5　对文件包解压缩　　　　　　　图 7-2-6　压缩文件夹或文件

2. 迅雷的安装

（1）从迅雷官网下载最新版的迅雷（迅雷为免费软件，本任务以迅雷 X 为例）到本地计算机，然后双击其安装程序，如图 7-2-7 所示，打开安装界面。

（2）用户可以设置软件的安装路径，也可以使用默认的安装路径。选中"同意《用户许可协议》"复选框。另外，可根据用户需求选择后面的推荐软件，需要注意的是，即使软件本身不是恶意软件，其附带的推荐软件也可能影响用户体验，因此建议不选择推荐软件。设置完成后，单击"开始安装"按钮。

（3）如图 7-2-8 所示，正在安装迅雷，用户只需耐心等待，直到软件安装完成。

 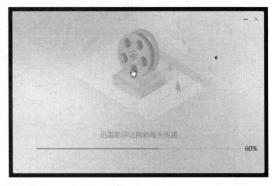

图 7-2-7　迅雷的安装界面　　　　　　　　　　　图 7-2-8　正在安装迅雷

（4）如图 7-2-9 所示为迅雷启动后的工作界面，用户可以申请迅雷普通会员或 VIP 会员，以提高下载速度，共享迅雷云资源等。当用户使用迅雷下载资源时，单击"新建任务"按钮，弹出"添加链接或口令"对话框，用户可根据需要进行设置。此外，当迅雷在后台运行时，用户也可以直接复制资源链接，便可将该链接自动填入"添加链接或口令"对话框中。

图 7-2-9　迅雷启动后的工作界面

3. 暴风影音的安装

（1）从暴风影音官网下载最新版的暴风影音（暴风影音软件为免费软件，本任务以暴风影音

5 为例）到本地计算机，然后双击其安装程序，如图 7-2-10 所示，打开安装界面。

（2）如图 7-2-11 所示，单击"自定义选项"按钮，可设置暴风影音的安装路径，此处使用默认的安装路径，选中"同意《许可协议》中的条款"复选框，单击"开始安装"按钮。

图 7-2-10 暴风影音的安装界面

图 7-2-11 选择安装路径

（3）如图 7-2-12 所示，正在安装暴风影音，用户只需耐心等待，直到软件安装完成。

（4）如图 7-2-13 所示，暴风影音安装完成，单击"立刻体验"按钮。

（5）如图 7-2-14 所示，打开暴风影音的工作界面，用户可在线浏览暴风影音的视频资源，也可以添加本地视频资源，另外，注册暴风影音普通会员或 VIP 会员后，可享受更多的影视服务。

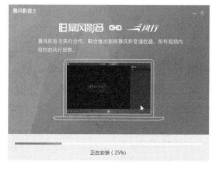

图 7-2-12 正在安装暴风影音

图 7-2-13 暴风影音安装完成

图 7-2-14 暴风影音的工作界面

暴风影音的录像技巧

暴风影音的使用技巧

暴风影音的隐藏文件功能

 任务拓展

EVEREST 的安装

测试计算机硬件信息的软件非常多，如 EVEREST、鲁大师、Windows 优化大师、驱动精灵等。其中，EVEREST 在对计算机硬件、实时电压、实时温度等参数的测试环节中，表现出卓越的性能。

（1）下载或购买正版的 EVEREST，双击其安装程序，启动安装向导。

（2）如图 7-2-15 所示，单击"下一步"按钮。

（3）如图 7-2-16 所示，进入许可证界面，选中"我同意"单选钮，单击"下一步"按钮。

（4）如图 7-2-17 所示，设置软件的安装路径，也可以使用默认的安装路径，单击"下一步"按钮。

（5）如图 7-2-18 所示，创建快捷方式并设置名称和路径，单击"下一步"按钮。

（6）如图 7-2-19 所示，选择额外任务，包括创建桌面快捷方式图标、创建快速启动栏快捷方式图标，用户可根据需要进行选择，单击"下一步"按钮。

（7）如图 7-2-20 所示，显示用户的安装设置，以便用户确认信息，若无问题，则单击"安装"按钮。

图 7-2-15　EVEREST 的安装向导

图 7-2-16　选中"我同意"单选钮

图 7-2-17　设置安装路径

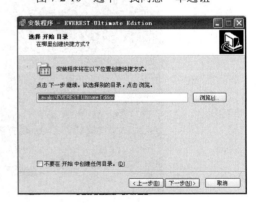

图 7-2-18　创建快捷方式

图 7-2-19 选择额外任务 图 7-2-20 确认信息

（8）如图 7-2-21 所示，正在安装 EVEREST，用户只需耐心等待，直到软件安装完成。

（9）如图 7-2-22 所示，软件安装完成，用户可根据需要选择是否立即运行软件、浏览网站、浏览软件文档等，最后，单击"完成"按钮。

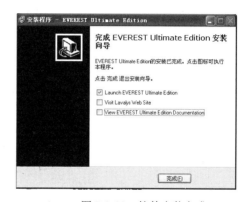

图 7-2-21 正在安装 EVEREST 图 7-2-22 软件安装完成

项目实训 安装常用软件

 项目描述

公司招聘了多名新职员，并配置了计算机，因每人的工作岗位有所不同，现需要安装各种常用的工具软件和办公软件。

 项目要求

（1）安装常用的工具软件，如 WinRAR、迅雷、暴风影音、QQ 等。

（2）安装常用的办公软件，如 Microsoft Office、Photoshop、WPS Office、看图软件等。

 项目提示

本项目涉及的常用软件有很多种，但作为一名计算机维护人员，必须准确地根据客户的各种要求安装不同的软件，并能够做到举一反三。此外，有些软件在安装前需要先安装其他插件，这就要求我们事先认真阅读软件的安装说明文档。在掌握了本项目的基础上，希望读者能真正熟练地掌握其他软件的安装方法。

项目实施

本项目可在有网络条件的计算机实训室进行，采用 3 人一组的方式进行操作，每组的任务自由分配，项目实施时间为 60 分。

通过实施本项目，可巩固学生所学的知识和技能，促进学生将知识点融会贯通，加强学生的团队协作能力，培养学生的职业素养，提高学生的职业技能水平。

项目评价

项目实训评价表

	内　　容	评　　价		
	知识和技能目标	3	2	1
职业能力	了解常用的工具软件			
	了解常用的办公软件			
	熟练安装办公软件			
	熟练安装工具软件			
	熟练使用各种软件			
通用能力	语言表达能力			
	组织合作能力			
	解决问题能力			
	自主学习能力			
	创新思维能力			
	综合评价			

计算机安全防护

计算机和网络是办公过程中必不可少的要素。但是，计算机病毒、木马病毒、恶意程序、网络攻击等问题时刻威胁着计算机系统和企业内部数据的安全。通过学习本项目，可帮助读者掌握计算机杀毒软件、木马病毒防护软件、网络防火墙和 Windows 系统权限设置的操作方法，提高维护计算机系统和计算机网络的基本技能。

 知识目标

了解用户权限和类型。
了解计算机病毒及其常用的防护软件。
了解数据恢复的相关知识。

 技能目标

熟练设置 Windows 用户权限。
熟练使用防火墙软件。
熟练使用杀毒和木马病毒防护软件。
熟练使用简单误删除数据恢复软件。
熟练使用软件备份系统分区。

思政目标

通过讲解计算机安全防护的相关知识，使学生树立保护国家信息安全的意识，认识到严格遵守法律法规的重要性。

通过讲解数据恢复和系统备份，使学生认识到安全生产的重要意义，形成敬畏科学的工作态度，树立强烈的安全意识和责任意识。

通过讲解国产安全软件的发展历程，使学生认识创新的重要意义，树立创新意识，培养创新思维，掌握创新方法。

任务 8.1　Windows 用户权限设置

 任务描述

史风雨创办了一家互联网公司，公司的员工需要通过服务器上传或下载文件。但是，就某个部门或个人而言，不希望其相关的重要文件被其他部门或员工看到。例如，财务部的文件只允许财务部员工查看，销售部的文件只允许销售部员工查看……为了解决这个棘手的问题，史风雨向你寻求帮助，希望你能帮他妥善解决这个难题。

 任务分析

目前，大部分操作系统都具有完善的用户权限（权限指不同账户对文件、文件夹、注册表等对象的访问管理功能）设置，主要体现在两个方面：方面一，用户对计算机操作拥有特定的权限；方面二，用户对特定磁盘、目录、文件拥有特定的权限。我们可以在计算机中为每个用户添加账号并分配固定的权限。本任务以 Windows 10 为例进行介绍，磁盘分区为 NTFS 格式。

任务知识必备

8.1.1 Windows 用户权限概述

用户权限分为两类：登录权限和特权。登录权限用于控制某个或某些用户登录计算机的授权，以及用户的登录方式。特权用于控制对系统资源的访问，包括对硬件的访问和对软件的访问。特权可以覆盖设置在计算机中的一个特定对象上的权限。本节主要介绍特权的权限类型。有关登录权限的内容，读者可参考 Windows 的帮助文档，以便获取详细信息。

（1）Administrators：在系统内拥有最高权限，拥有的权限包括赋予权限、添加系统组件权限、升级系统权限、配置系统参数权限、配置安全信息权限等。内置的系统管理员账户是 Administrators 组的成员。如果某台计算机被加入域中，则域管理员被自动加入该组中，并且有系统管理员的权限。

（2）Backup Operators：Backup Operators 是所有 Windows 都具备的组，此组的成员可以忽略文件系统权限进行备份和恢复，可以登录系统和关闭系统，可以备份加密文件。

（3）Cryptographic Operators：Cryptographic Operators 组的成员可以执行加密操作。

（4）Distributed COM Users：Distributed COM Users 组的成员可以在计算机中启动、激活和使用 DCOM 对象。

（5）Event Log Readers：Event Log Readers 组的成员可以从本地计算机中读取事件日志。

（6）Guests：内置的 Guest 账户是 Guests 组的成员。

（7）IIS_IUSRS：IIS_IUSRS 是 Internet 信息服务（IIS）使用的内置组。

（8）Network Configuration Operators：Network Configuration Operators 组的用户可以在客户端执行一般的网络配置，如更改 IP，但不能添加/删除程序，也不能执行网络服务器的配置工作。

（9）Performance Log Users：Performance Log Users 组的成员可以从本地计算机和远程客户端中管理计数器、日志和警告，而不必成为 Administrators 组的成员。

（10）Performance Monitor Users：Performance Monitor Users 组的成员可以从本地计算机和远程客户端中监视性能计数器，而不必成为 Administrators 组或 Performance Log Users 组的成员。

（11）Power Users：Power Users 组存在于非域控制器上，该组的成员可进行基本的系统管理，如共享本地文件夹、管理系统访问和打印机、管理本地普通用户。但是，该组的成员不能修改 Administrators 组和 Backup Operators 组，不能备份/恢复文件，不能修改注册表。

（12）Remote Desktop Users：Remote Desktop Users 组的成员可以通过网络进行远程登录。

（13）Replicator：Replicator 组支持复制功能。它是唯一的、成员为域用户的账户，用于登录域控制器的复制器服务，不能将实际的用户账户添加到该组中。

（14）Users：Users 是一般用户所在的组，新建的用户都会被自动加入该组中，并拥有对系统的基本操作权限，如运行程序、使用网络。但是，该组的成员不能关闭 Windows。

8.1.2 NTFS 权限的类型

利用 NTFS 权限可以控制用户账号（或组）对文件夹（或文件）的访问。NTFS 权限只适用于 NTFS 磁盘分区。

1. NTFS 文件夹权限

通过授予文件夹权限，从而控制对文件夹及文件夹中的文件及子文件夹的访问，可授予的"标准 NTFS 文件夹权限"见表 8-1-1。

2. NTFS 文件权限

通过授予文件权限，从而控制对文件的访问，可授予的"标准 NTFS 文件权限"见表 8-1-2。

表 8-1-1 标准 NTFS 文件夹权限

NTFS 文件夹权限	权 限 描 述
完全控制	修改权限，成为拥有人，以及执行所有其他 NTFS 文件夹权限的动作
修改	修改和删除文件夹、执行"写入"权限和"读取和执行"权限的动作
读取和执行	遍历文件夹、执行"读取"权限和"列出文件夹目录"权限的动作
列出文件夹目录	查看文件夹中的文件和子文件夹的名称
读取	查看文件夹中的文件和子文件夹，查看文件夹的属性、拥有人和权限
写入	在文件夹内创建文件和子文件夹，修改文件夹的属性，查看文件夹的拥有人和权限
特殊权限	补充和细化标准 NTFS 文件夹权限的管理

表 8-1-2 标准 NTFS 文件权限

NTFS 文件权限	权 限 描 述
完全控制	修改权限，成为拥有人，以及执行所有其他 NTFS 文件权限的动作
修改	修改和删除文件、执行"写入"权限和"读取和执行"权限的动作
读取和执行	运行应用程序、执行 "读取"权限的动作
读取	读取文件，查看文件的属性、拥有人和权限
写入	覆盖文件，修改文件的属性，查看文件的拥有人和权限
特殊权限	补充和细化标准 NTFS 文件权限的管理

8.1.3 NTFS 权限的应用规则

如果将针对某个文件或文件夹的权限授予了某个用户账号，同时又授予了某个组，而该用户是该组的一个成员，则该用户对同样的资源拥有了多个权限。NTFS 组合多个权限是基于特定的规则和优先权的，下面详细介绍。

1. 权限累加

一个用户对某个资源的有效权限是授予这一用户账号的 NTFS 权限与授予该用户所属组的 NTFS 权限的组合。如果用户 happy 对"test 文件夹"有"读取"权限，net 组对"test 文件夹"有"写入"权限，并且用户 happy 是 net 组的成员，那么用户 happy 对"test 文件夹"有"读取"和"写入"两种权限。

2. 文件权限优先于文件夹权限

在 NTFS 权限中，文件权限优先于文件夹权限。如果用户 happy 对"test 文件夹"有"修改"权限，那么即使他对包含该文件的文件夹只有"读取"权限，他也能修改该文件。

3. 权限的继承性

新建的文件或文件夹会自动继承上一级目录或驱动器的 NTFS 权限，对普通用户而言，从上一级目录或驱动器继承的 NTFS 权限是不能直接修改的，只能在此基础上添加其他权限。但如果是系统管理员或有足够权限的其他类型用户，则可以修改继承的权限，或者让文件不再继承上一级目录或驱动器的 NTFS 权限。

4．拒绝权限优于其他权限

将"拒绝"权限授予用户账号（或组），可以拒绝用户账号（或组）对特定文件夹（或文件）的访问。例如，如果授予用户 happy 对"test 文件夹"有"拒绝写入"权限，net 组对"test 文件夹"有"写入"权限，并且用户 happy 是 net 组的成员，那么用户 happy 对"test 文件夹"不具有"写入"权限。对权限的累加规则而言，"拒绝"权限是一种例外情况。读者应尽量避免使用"拒绝"权限，因为允许用户（或组）进行某种访问比明确拒绝他们进行某种访问更容易实现。读者应该巧妙地构造组，并组织文件夹中的资源，让各种各样的"允许"权限即可满足实际需求，从而避免使用"拒绝"权限。

 任务实施

Windows 10 的权限设置

由于不同版本的 Windows 的权限设置方式基本相同，故本任务仅以 Windows 10 为例进行介绍。

（1）为了让不同的用户具有不同的访问权限，磁盘分区必须设置为 NTFS 格式。安装操作系统时，若磁盘分区不是 NTFS 格式，则可以使用 Windows 自带的 convert 命令将磁盘分区转换为 NTFS 格式。操作方法如下。

执行"开始"→"Windows 系统"→"命令提示符"菜单命令，打开"命令提示符"窗口，如图 8-1-1 所示，输入"convert /?"后按 Enter 键，查看各参数的含义。接下来，转换分区，以转换 D 分区为例，如图 8-1-2 所示，输入"convert d:/FS:NTFS"后按 Enter 键，系统将该分区转换为 NTFS 格式。

图 8-1-1　convert 命令的各参数含义　　　　图 8-1-2　将该分区转换为 NTFS 格式

（2）取消使用简单文件共享。操作方法如下。

在系统桌面上双击"此电脑"图标，打开"此电脑"界面，如图 8-1-3 所示，执行"查看"→"选项"菜单命令，弹出"文件夹选项"对话框，如图 8-1-4 所示，在"查看"选项卡中，取消"使用共享向导（推荐）"复选框的选中状态，即可对共享文件夹设置复杂访问权限。

（3）添加和管理用户。操作方法如下。

执行"开始"→"Windows 管理工具"→"计算机管理"菜单命令，打开"计算机管理"界面，如图 8-1-5 所示，在左侧的列表中选择"本地用户和组"→"用户"选项。在中间的空白区域右击，在弹出的快捷菜单中选择"新用户"选项，如图 8-1-6 所示。在弹出的"新用户"对话框中设置用户名（test）和密码等信息，如图 8-1-7 所示。新用户添加完成，如

图 8-1-8 所示。右击新用户的名称（test），在弹出的快捷菜单中选择"属性"选项，弹出"test 属性"对话框，如图 8-1-9 所示，选择"隶属于"选项卡，设置用户所属的权限组。单击"添加"按钮，弹出如图 8-1-10 所示的"选择组"对话框，单击"高级"按钮后，对话框显示更多内容，单击"立即查找"按钮，找到对应的组，添加即可。提醒读者，一个用户可以属于多个用户组。

图 8-1-3 "此电脑"界面

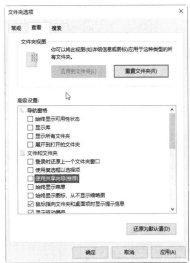

图 8-1-4 "文件夹选项"对话框

图 8-1-5 "计算机管理"界面

图 8-1-6 选择"新用户"选项

图 8-1-7 "新用户"对话框

图 8-1-8 新用户添加完成

图 8-1-9 "test 属性"对话框

图 8-1-10 "选择租"对话框

（4）设置文件或文件夹的访问权限。设置用户 Users 的权限，使其可以读取和写入 test 文件夹，其他用户没有任何权限。操作方法如下。

在任意 NTFS 分区中新建一个名为 test 的文件夹，右击该文件夹，在弹出的快捷菜单中选择"属性"选项，弹出"test 属性"对话框，如图 8-1-11 所示，选择"安全"选项卡，可以看到当前的组或用户对其拥有的默认权限。

（5）若想单独设置用户账户的权限，则单击"高级"按钮，对话框显示更多内容，再单击"更改权限"按钮，打开"test 的高级安全设置"对话框，如图 8-1-12 所示，单击"禁用继承"按钮。

图 8-1-11 选择"test 属性"对话框中
的"安全"选项卡

图 8-1-12 "test 的高级安全设置"对话框

（6）如图 8-1-13 所示，弹出"阻止继承"对话框，选择"从此对象中删除所有已继承的权限"选项，则所有用户无法访问 test 文件夹，之后弹出新的对话框，提示操作者当前所进行的操作将拒绝所有用户访问 test，单击"是"按钮。

（7）添加特定用户，并设置权限。如图 8-1-12 所示，单击"添加"按钮，弹出"选择用户或组"对话框,如图 8-1-14 所示,单击"高级"按钮,对话框显示更多内容,如图 8-1-15 所示,单击"立即查找"按钮,在"搜索结果"区域中选择"Users",单击"确定"按钮,则在"输入要选择的对象名称(例如)"文本框中显示对象名称,如图 8-1-16 所示,单击"确定"按钮,弹出"test 的权限项目"对话框,如图 8-1-17 所示,设置用户默认的读取和执行权限、列出文件夹内容权限等。单击"确定"按钮,完成设置。

图 8-1-13 "阻止继承"对话框

图 8-1-14 "选择用户或组"对话框

图 8-1-15 选择"Users"

图 8-1-16　显示对象名称

图 8-1-17　"test 的权限项目"对话框

任务拓展

Windows 10 的安全策略设置

（1）执行"开始"→"Windows 管理工具"→"本地安全策略"菜单命令，打开"本地安全策略"界面，如图 8-1-18 所示，设置计算机的安全策略。此外，也可以按 Windows+R 组合键，打开"运行"对话框，输入 gpedit.msc 命令，打开"本地组策略编辑器"界面，如图 8-1-19 所示，设置计算机的安全策略。

（2）在"本地安全策略"界面的"账户策略①"选项中，可以设置密码策略和账户锁定策略，每个策略又包括很多具体的策略和安全设置，操作者只要仔细阅读每个策略的说明就可以获知该策略的作用和设置方法。如图 8-1-20 所示，在"本地策略"→"用户权限分配"选项中，可

---

① 此处的"账户策略"即计算机安全设置中"帐户策略"的规范写法，为了保障本书与计算机中相关名词的一致性及用词的规范性，本书仅对文字进行修改，截图保持原样。

以设置操作计算机的用户或组。如图 8-1-21 所示为"关闭系统属性"对话框，在该对话框中，可以设置关闭计算机系统的用户或组，操作者可以根据需要添加或删除相应的用户或组，如果操作者不理解该选项的含义，则可以切换至"说明"选项卡，获取详细的设置方法和解释。

图 8-1-18　"本地安全策略"界面　　　　　　图 8-1-19　"本地组策略编辑器"界面

图 8-1-20　"用户权限分配"选项　　　　　　图 8-1-21　"关闭系统 属性"对话框

任务 8.2　防火墙软件的使用

任务描述

　　张飞宇是爱博公司的计算机网络管理员，近期由于木马病毒、网络攻击等事件频繁发生，公司的很多计算机都遭受了攻击，经常出现蓝屏、死机等现象；更严重的问题是，公司的多台服务器也遭受了网络攻击。如果服务器宕机，则公司的很多业务无法正常开展。为此，张飞宇非常担心，希望得到你的帮助。

任务分析

　　因为任务描述已经明确了本次事件是由网络攻击引起的，所以需要对公司的服务器和个人计算机实施网络防护处理。分析任务，我们的首要工作是安装并配置好网络防火墙。由于网络防火墙设置需要扎实的 TCP/IP 协议的知识，对一般的计算机网络管理员而言，掌握这部分内容有一定难度，所以建议读者能自学 TCP/IP 协议的有关内容，特别是有关 TCP、UDP、端口号的概念和作用。

 任务知识必备

8.2.1　防火墙简介

防火墙是一种借助硬件和软件的功能，建立于内部网络环境和外部网络环境之间的保护屏障。防火墙可以阻断对计算机不安全的网络因素。通常，只有在防火墙同意的前提下，用户才能访问计算机，如果防火墙不同意，用户就会被阻挡。防火墙的警报功能十分强大，当外部用户访问计算机时，防火墙就会迅速发出警报，并会自我判断是否允许外部用户访问计算机。

8.2.2　防火墙采用的主流技术

如今，防火墙采用的主流技术包括包过滤、应用网关、子网屏蔽等。

1．包过滤

包过滤技术指网络设备（路由器或防火墙）根据包过滤规则检查接收的每个数据包，并决定允许数据包通过或丢弃数据包。包过滤规则主要基于 IP 数据包的头部信息设置，包括 TCP/UDP 的源或目的端口号、TCP 协议、UDP 协议、ICMP 协议、源或目的 IP 地址、数据包的输入接口和输出接口等。其技术原理为对已加入 IP 过滤功能的设备逐一审查数据包的头部信息，并根据匹配情况和包过滤规则决定数据包通过或丢弃，以达到拒绝发送可疑数据包的目的。

2．应用网关

应用网关是在不同数据格式之间翻译数据的系统。例如，应用网关接收某种格式的数据，将其翻译后，再以新的数据格式发送出去。

应用网关可以工作在 OSI 参考模型中的任意层中，能够检查进出的数据包，通过应用网关复制并传递数据，防止在受信任的服务器/客户机与不受信任的主机之间建立联系。应用网关可以理解应用层中的协议，能够做复杂一些的访问控制，并实施精细的注册操作。

3．子网屏蔽

子网屏蔽指在内部网络和外部网络之间建立一个被隔离的子网，用两台分组过滤路由器将该子网分别与内部网络和外部网络分开。

8.2.3　防火墙的分类

防火墙可以分为不同的类型，可以从软、硬件角度分类，也可以从应用技术角度分类。

1．从软、硬件角度分类

（1）软件防火墙。

软件防火墙本质是安装在计算机上的网络安全应用类软件，该软件只能为本地计算机提供网络控制管理服务。本地计算机流入、流出的所有网络通信数据均要经过软件防火墙。软件防火墙对流经它的网络通信数据进行扫描，从而过滤掉一些攻击内容，避免计算机被网络攻击。软件防火墙除可以关闭不使用的端口外，还能禁止特定端口流出的网络通信数据，封锁恶意软件向外发送网络通信数据。最后，软件防火墙可以禁止来自特殊地址的访问，从而拒绝来自不明入侵者的所有通信请求。

当个人计算机安装软件防火墙时，就构成了"个人防火墙"。

（2）硬件防火墙。

硬件防火墙指集成了若干软件的特定计算机，它拥有非常好的性能和稳定性，通常用于为整个网络提供服务。

硬件防火墙与芯片级防火墙有所不同。它们最大的差别在于是否有专用的硬件平台。目前，市场上大多数硬件防火墙都基于个人计算机架构。在这些计算机上，可以运行一些经过简化的操作系统（如 Unix、Linux 和 FreeBSD 等）。

（3）芯片级防火墙。

芯片级防火墙基于专门的硬件平台，没有操作系统。例如，专用的 ASIC 芯片级防火墙比其他种类的防火墙运行速率更快，处理能力更强，性能更好。

2．从应用技术角度分类

（1）包过滤型。

包过滤型防火墙工作在 OSI 参考模型的网络层和传输层，它根据数据包源地址，目的地址、端口号和协议类型等标志确定是否允许数据包通过。只有满足过滤条件的数据包才被转发到相应的目的地，其余数据包则从数据流中被丢弃。

在防火墙技术的发展过程中，包过滤型防火墙经历了两个阶段，分别被称为"第一代静态包过滤"和"第二代动态包过滤"。

（2）应用代理型。

应用代理型防火墙工作在 OSI 参考模型的最高层，即应用层。其特点是完全"阻隔"了网络通信流，通过对每种应用服务编制专门的代理程序，起到监视和控制应用层通信流的作用。

在防火墙技术的发展过程中，应用代理型防火墙经历了两个阶段，分别被称为"第一代应用网关代理型防火墙"和"第二代自适应代理型防火墙"。

3．从结构角度分类

从结构角度分类，防火墙可以分为三种：单一主机防火墙、路由器集成式防火墙和分布式防火墙。

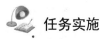 **任务实施**

除 Windows 本身集成的 ICF（Internet Connection Firewall，互联网连接防火墙）外，常见的杀毒软件制作公司都开发了防火墙软件。国内的防火墙软件有瑞星、江民、金山、费尔、天网等。国外的防火墙软件有 ZoneAlarm Pro、Outpost Firewall Pro、Norton Personal Firewallbbs、COMODO Firewall Pro、PC Tools Firewall 等。从易用性和软件的性价比考虑，本任务仅介绍 Windows 10 集成的 ICF 和 COMODO Firewall Pro，有关其他防火墙软件的内容，读者可根据个人需要进一步学习。

1．ICF 的使用方法

（1）ICF 是 Windows 10 已默认安装的组件，操作者可以打开"控制面板"界面，进入"系统和安全"界面，找到 Windows Defender 防火墙，如图 8-2-1 所示。

（2）单击 Windows Defender 防火墙的图标，打开"Windows Defender 防火墙"界面，如图 8-2-2 所示。操作者可以选择左侧的"启用或关闭 Windows Defender 防火墙"选项，在下一级界面中，设置 Windows Defender 防火墙的启用与关闭状态。

图 8-2-1 在"系统和安全"界面中找到 Windows Defender 防火墙

图 8-2-2 "Windows Defender 防火墙"界面

（3）在如图 8-2-2 所示的界面中，选择左侧的"允许应用或功能通过 Windows Defender 防火墙"选项，打开"允许的应用"界面，如图 8-2-3 所示，操作者可以选择允许计算机中的哪些软件访问网络。如果出现不明程序，则不要选中不明程序名称前的复选框，即可禁止其访问外网。

（4）操作者还可以添加应用及应用开启的端口。单击"允许其他应用"按钮，弹出"添加应用"对话框，如图 8-2-4 所示，单击"浏览"按钮，选择允许访问网络的应用，最后单击"添加"按钮。这样，该应用就可以访问网络了。

（5）在如图 8-2-2 所示的界面中，选择左侧的"高级设置"选项，打开"高级安全 Windows Defender 防火墙"界面，如图 8-2-5 所示，选择"入站规则"选项，可以设置入站规则，如图 8-2-6 所示；选择"出站规则"选项，可以设置出站规则，如图 8-2-7 所示；选择"监视"选项，可以设置监视相关的内容，如图 8-2-8 所示。

图 8-2-3 "允许的应用"界面

图 8-2-4 "添加应用"对话框

图 8-2-5 "高级安全 Windows Defender 防火墙"界面

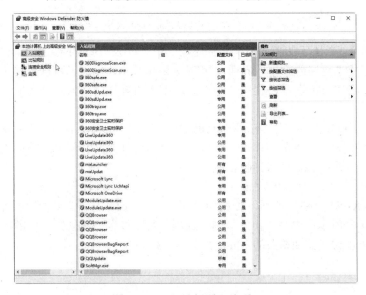

图 8-2-6 "入站规则"选项

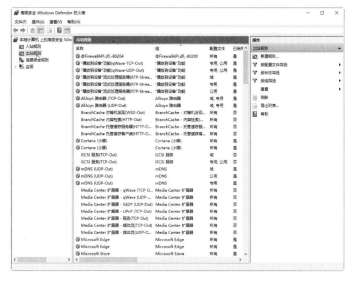

图 8-2-7 "出站规则"选项

图 8-2-8 "监视"选项

2．COMODO Internet Security 的使用方法

COMODO Internet Security（COMODO 因特网安全）是著名的网络防火墙软件之一，包括
COMODO Firewall 和其他功能。COMODO Internet Security 虽然是免费软件，但具有相对齐全的
商业防火墙功能，适合个人和小型企业用户选择。

（1）下载 COMODO Internet Security 到本地计算机后，双击该程序的可执行文件，弹出
"COMODO 安装程序"对话框，在如图 8-2-9 所示的"选择语言"界面中选择软件运行的语
言，然后单击"下一步"按钮。

（2）如图 8-2-10 所示，进入"最终用户许可协议"界面，单击"我接受"按钮，进入"免
费注册"界面，操作者可以提交电子邮件地址，软件服务商会定期向该电子邮件地址发送新闻和
软件更新信息。

图 8-2-9　"选择语言"界面　　　　　　　图 8-2-10　"最终用户许可协议"界面

（3）如图 8-2-11 所示，进入"选择您想要安装的产品"界面。左侧的"可用的产品"区域包括两个可选项，其中，COMODO Firewall 可以提供防火墙功能；COMODO GeekBuddy 可以提供计算机远程协助功能，用户可以根据自己的需求进行选择。单击"下一步"按钮。

（4）如图 8-2-12 所示，进入"目标文件夹"界面，确定 COMODO 的安装路径，单击"更改"按钮可以更改安装路径，此处建议使用默认安装路径。单击"下一步"按钮。

图 8-2-11　"选择您想要安装的产品"界面　　　图 8-2-12　"目标文件夹"界面

（5）如图 8-2-13 所示，进入"防火墙安全级别选择"界面，此处建议选中"防火墙与优化主动防御"单选钮，因为这样做可以兼顾安全与性能的需求，单击"下一步"按钮。

（6）如图 8-2-14 所示，进入"COMODO SecureDNS 配置向导"界面，其中，"我想使用 COMODO SecureDNS 服务器"单选钮表示使用 COMODO 提供的 DNS 服务器，避免遭受 DNS 欺骗。此处建议选中"我不想使用 COMODO SecureDNS 服务器"单选钮。单击"下一步"按钮，正式安装程序，安装完成后，重启计算机。

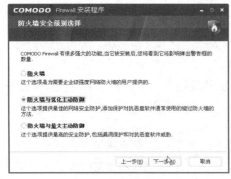

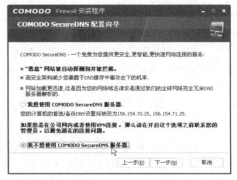

图 8-2-13　"防火墙安全级别选择"界面　　　图 8-2-14　安全 DNS 配置

（7）如图 8-2-15 所示，COMODO Firewall 首次运行后，会打开"检测到新的私有网络"界面。如果操作者确认网络没有安全问题，则可以选中"我愿意在此网络中的其他①计算机完全访问我"复选框，单击"下一步"按钮。

（8）运行 COMOCO Firewall，主界面如图 8-2-16 所示。在"概况"选项卡中，可以看到防火墙和 Defense+的概况。其中，"防火墙"是基于传输层的包过滤防火墙，而"Defense+"用于对应用程序的行为进行过滤。

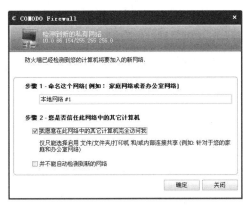

图 8-2-15 "检测到新的私有网络"界面　　图 8-2-16 COMOCO Firewall 主界面

（9）在"概况"选项卡中，选择"防火墙"区域内的"安全模式"选项，打开"防火墙行为设置"对话框，如图 8-2-17 所示，该对话框包括"一般设置""警告设置"和"高级设置"选项卡。在"一般设置"选项卡中，可以定义防火墙安全级别，用户可根据需要进行设置，此处默认为"安全模式"，在"安全模式"下，如果有未知程序连接网络，将弹出警告窗口。

（10）切换至"警告设置"选项卡，如图 8-2-18 所示。在该选项卡中，可以设置防火墙的警告频率级别。对话框下方有 5 个复选框，其中，"这台计算机作为 Internet 连接网关"复选框表示这台计算机可以为局域网提供 NAT 或代理服务。

图 8-2-17 "防火墙行为设置"对话框的　　图 8-2-18 "防火墙行为设置"对话框的
　　　"一般设置"选项卡　　　　　　　　　　"警告设置"选项卡

---

① 图 8-2-15 中的"其它"应写为"其他"。

（11）切换至"高级设置"选项卡，如图 8-2-19 所示。在该选项卡中，可以设置一些基于 TCP/IP 协议的选项。如果用户不熟悉，则建议保持默认状态。

（12）返回 COMOCO Firewall 主界面，选择"概况"选项卡下"Defense+"区域内的"安全模式"选项，打开"Defense+ 设置"对话框，如图 8-2-20 所示，该对话框包括"一般设置""可执行控制设置""Sandbox 设置""监视设置"选项卡。在"一般设置"选项卡中，可以对计算机磁盘上的应用程序进行过滤，Defense+也提供了多个内置规则，以便操作者选择。

图 8-2-19　"防火墙行为设置"对话框的
"高级设置"选项卡

图 8-2-20　"Defense+ 设置"对话框的
"一般设置"选项卡

（13）切换至"可执行控制设置"选项卡，如图 8-2-21 所示。在该选项卡中，可以设置可执行控制级别，该功能被启用后，能够将可执行文件被加载到内存前拦截。拦截成功后，Defense+可以对应用程序的操作进行监控。

（14）切换至"Sandbox 设置"选项卡，如图 8-2-22 所示。在该选项卡中，可以设置 Sandbox 安全级别，该功能被启用后，能够对应用程序进行必要的安全限制。如果用户不了解应用程序，则建议启用该功能。

图 8-2-21　"Defense+ 设置"对话框的
"可执行控制设置"选项卡

图 8-2-22　"Defense+ 设置"对话框的
"Sandbox 设置"选项卡

（15）切换至"监视设置"选项卡，如图 8-2-23 所示。在该选项卡中，可以设置对应用程序的行为监控、对象修改监控和直接访问对象监控。

（16）返回 COMOCO Firewall 主界面，切换至"防火墙"选项卡，如图 8-2-24 所示，在该选项卡中，可以进行防火墙的相关配置。本节重点讲解其中的"网络安全规则"选项，读者可以结合个人兴趣自主学习其他内容。

图 8-2-23　"Defense+ 设置"对话框的
"监视设置"选项卡

图 8-2-24　COMOCO Firewall 主界面的
"防火墙"选项卡

（17）在图 8-2-24 中，选择"防火墙"选项卡中的"网络安全规则"选项，打开"网络安全规则"对话框，如图 8-2-25 所示，该对话框包括"应用程序规则""全局规则""预定义规则""网络区域""拦截区域""端口设置"选项卡。

（18）在"应用程序规则"选项卡中，单击"添加"按钮，弹出"过滤控制规则"对话框，如图 8-2-26 所示，在该对话框中，可以添加过滤控制规则。每条规则可以设置以下内容。

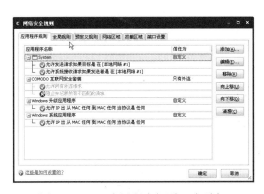

图 8-2-25　"应用程序规则"选项卡

图 8-2-26　"过滤控制规则"对话框

① 行为：允许或禁止数据包通过。
② 协议：数据包所使用的协议。
③ 方向：由本机发出或进入本机。
④ 源地址。

⑤ 目的地址。

⑥ 源端口。

⑦ 目的端口。

所有数据包将按照顺序对比每条规则，如果符合当前规则的第②~⑦项，则按照第①项的要求进行处理，如果不符合当前规则的第②~⑦项，就对比下一条规则，当数据包不符合所有规则时，该数据包将被丢弃。

"网络安全规则"对话框中其他规则的原理与"应用程序规则"类似，此处不再赘述。

（19）返回 COMOCO Firewall 主界面，切换至"Defense+"选项卡，如图 8-2-27 所示，在该选项卡中，可以进行 Defense+的相关配置。本节重点讲解其中的"计算机安全规则"，读者可以结合个人兴趣自主学习其他内容。

（20）在图 8-2-27 中，选择"Defense+"选项卡中的"计算机安全规则"选项，弹出"计算机安全规则"对话框，如图 8-2-28 所示，该对话框包括"受保护的文件和文件夹""受保护的注册表键""受保护的 COM 接口""信任软件供应商""Defense+规则""预定义规则""总是Sandbox""被拦截的文件"选项卡。

图 8-2-27 COMOCO Firewall 主界面的"Defense+"选项卡

图 8-2-28   "计算机安全规则"对话框

拓展阅读资料

COMODO Firewall 的设置方法

 任务拓展

本任务介绍"天网防火墙个人版"的使用方法。

（1）安装"天网防火墙个人版"，软件安装成功后，重新启动计算机，运行该软件，主界面如图 8-2-29 所示。单击"设置"按钮（方框内），操作者可以在下方的若干选项卡中根据需求进行设置。

（2）如图 8-2-30 所示，单击"应用程序访问管理"按钮（大方框内），操作者可以在下方的界面中对应用程序的网络访问权限进行管理。单击"添加程序"按钮（小方框内），弹出"增加应用程序规则"对话框。

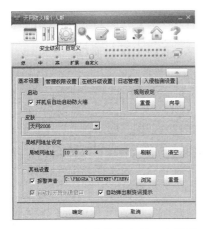

图 8-2-29 "天网防火墙个人版"主界面

图 8-2-30 对应用程序的网络访问权限进行管理

（3）"增加应用程序规则"对话框如图 8-2-31 所示。单击"浏览"按钮，添加应用程序，操作者可以根据实际需求选择程序所需的 TCP 或 UDP 服务、可访问端口。

（4）如图 8-2-32 所示，单击"IP 规则管理"按钮（大方框内）。操作者可以在该界面中设置防火墙的主要功能，特别是对计算机网络层和传输层中的数据包进行检查和管理。单击"添加 IP 规则"按钮（小方框内），弹出"增加 IP 规则"对话框，如图 8-2-33 所示。

图 8-2-31 "增加应用程序规则"对话框

（5）在"规则"区域内的"名称"文本框中输入"ftp"，在"说明"文本框中输入"提供 ftp 服务"，在"数据包方向"下拉菜单中选择"接收或发送"选项，在"对方 IP 地址"下拉菜单中选择"任何地址"选项，在"数据包协议类型"下拉菜单中选择"TCP"选项，将"本地端口"均设置为"21"，"对方端口"无须设置，在"当满足上面条件时"下拉菜单中选择"通行"选项，单击"确定"按钮。这样，就可以开放本地计算机的 FTP 服务了。

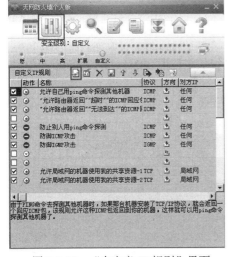

图 8-2-32 "自定义 IP 规则"界面

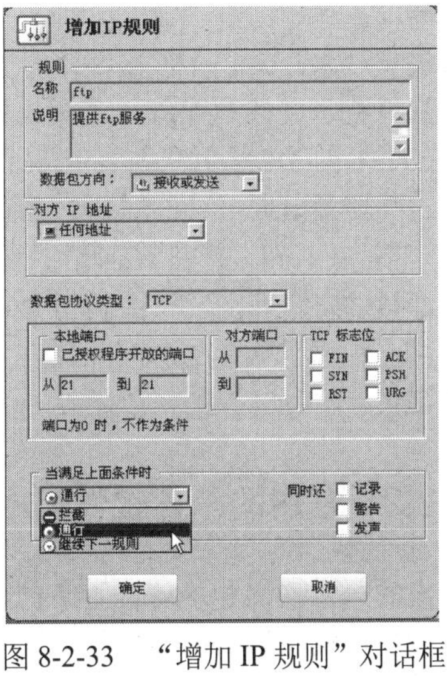

图 8-2-33 "增加 IP 规则"对话框

任务 8.3 杀毒软件与木马病毒防护软件的使用

任务描述

王芝香是某公司的办公室文秘，经常与其他人员通过 U 盘、移动硬盘等工具共享文件，因为 U 盘或移动硬盘在互用过程中携带了计算机病毒或木马病毒，所以致使自己的计算机经常被感染，计算机的性能也受到了影响。遇到更严重的问题时，只能重装操作系统，耽误了大量的工作时间。现在，她向你寻求帮助，希望你能帮她做好计算机的安全防护工作。

任务分析

由于王芝香的计算机经常感染计算机病毒或木马病毒，所以，最好的方法就是安装合适的杀毒软件和木马病毒防护软件，并对其进行合理配置。用好杀毒软件和木马病毒防护软件，就可以大大降低计算机感染计算机病毒、木马病毒的风险。

任务知识必备

8.3.1 计算机病毒概述

计算机病毒（Computer Virus）在《中华人民共和国计算机信息系统安全保护条例》中被明确定义："计算机病毒，是指编制或者在计算机程序中插入的破坏计算机功能或者破坏数据，影响计算机使用并且能够自我复制的一组计算机指令或者程序代码。"而在一般的教科书及通用资料中，计算机病毒被定义为：利用计算机软件与硬件的缺陷，破坏计算机数据并影响计算机正常工作的一组指令集或程序代码。根据传播、感染、编程等方式的差异，计算机病毒被分为很多类别。目前，针对微软公司的 Windows 而构造的计算机病毒，其数量是最多的。

木马病毒与计算机病毒不同，木马病毒往往用于控制目标计算机，计算机感染木马病毒后会被恶意攻击者控制，可能造成比计算机病毒更严重的危害。木马病毒一般由两部分组成：客户端和服务端。

服务端（Server，简称 S 端）：在远程计算机上运行。一旦木马病毒成功植入目标计算机，远程计算机就可以控制或破坏目标计算机，木马病毒的控制功能主要通过调用 Windows 的 API 实现；在早期的 DOS 中，主要依靠 DOS 终端和系统功能调用（INT 21H）实现远程控制，远程计算机的操控者根据自己的需要，设置控制功能。

客户端（Client，简称 C 端）：客户端也被称为控制端，客户端程序主要用于配套服务端程序，通过网络向服务端发布控制指令，客户端运行在本地计算机。

当前，计算机病毒与木马病毒在功能上逐渐融合，无论是传播感染方式，还是对计算机的控制破坏方式，两者有很多相似之处。

8.3.2 常用的杀毒软件和木马病毒防护软件

国内的杀毒软件和木马病毒防护软件主要有 360 杀毒和 360 安全卫士、金山毒霸和金山网镖、瑞星杀毒软件和瑞星防护墙、江民杀毒软件和江民防护墙等。大多数杀毒软件和木马病毒防护软件对个人用户提供免费试用服务和升级服务。

国外的杀毒软件和木马病毒防护软件主要有赛门铁克、卡巴斯基等。

经过多年的发展，杀毒软件的功能已有了明显的提升。早期的杀毒软件只能基于病毒库对病毒进行查杀，而现在的杀毒软件可以做到行为模式侦测、人工智能查杀、云查杀等多个方式的查杀，极大地方便了用户。

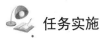 **任务实施**

1. 360 杀毒的使用方法

（1）下载 360 杀毒（此处以 360 杀毒 5.0 版本为例）到本地计算机，双击该软件的可执行文件，弹出如图 8-3-1 所示的安装界面，勾选"阅读并同意许可使用协议和隐私保护说明"复选框，如图 8-3-2 所示，单击"更改目录"按钮，可以调整软件的安装目录，单击"立即安装"按钮，开始安装软件。

图 8-3-1 360 杀毒的安装界面

图 8-3-2 调整软件的安装目录

（2）如图 8-3-3 所示，360 杀毒正在安装；软件安装完成后，运行软件，主界面如图 8-3-4 所示，在该界面中，可以对软件版本进行升级、对软件进行基本的设置、查看软件的日志、反馈在使用软件的过程中遇到的问题、选择不同的扫描方式等。

图 8-3-3 360 杀毒正在安装

图 8-3-4 360 杀毒的主界面

（3）在主界面中，单击"快速扫描"按钮，进入"快速扫描"界面，如图 8-3-5 所示，360 杀毒将快速扫描系统的关键位置，当然，也可以单击"全盘扫描"按钮或"自定义扫描"按钮，从而对整个磁盘或特定位置进行扫描；此外，360 杀毒还有其他的附加功能，如宏病毒扫描、弹窗过滤和软件管家，如图 8-3-6 所示。

图 8-3-5　快速扫描系统的关键位置　　　　　　　　图 8-3-6　附加功能

（4）在主界面中，选择右上角的"设置"选项，进入"设置"界面，如图 8-3-7 所示，在该界面中可以对 360 杀毒进行相关设置，如常规设置、升级设置、多引擎设置、病毒扫描设置、实时防护设置、文件白名单、免打扰设置、异常提醒、系统白名单等；返回主界面，选择右上角的"日志"选项，进入"日志"界面，如图 8-3-8 所示，在该界面中可以查看日志或进行其他操作，如病毒扫描、防护日志、产品升级、文件上传、系统性能等，便于用户详细了解影响计算机安全的各种事件。

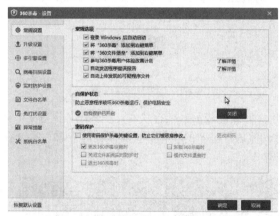

图 8-3-7　"设置"界面　　　　　　　　　　　　　图 8-3-8　"日志"界面

2．360 安全卫士的使用方法

因为木马病毒件与计算机病毒有所差异，很多杀毒软件不能很好地清除木马病毒，所以查杀木马病毒需要专用软件。常见的木马病毒防护软件有 360 安全卫士、木马清道夫、木马专杀、木马克星、木马清除大师等。其中，360 安全卫士是一款比较易用的免费软件，该软件不但能查杀木马病毒，还具备清除 IE 恶意插件、修补系统漏洞、修复 IE 浏览器、清除系统垃圾、软件管理等功能。

（1）下载 360 安全卫士（此处以 360 安全卫士 12 版本为例）到本地计算机，双击该软件的可执行文件，弹出如图 8-3-9 所示的安装界面，单击"浏览"按钮，弹出如图 8-3-10 所示的"浏览文件夹"对话框，选择安装路径，单击"确定"按钮，返回安装界面，单击"同意并安装"按钮，开始安装软件。

图 8-3-9　360 安全卫士安装界面

图 8-3-10　"浏览文件夹"对话框

（2）如图 8-3-11 所示，正在安装 360 安全卫士；软件安装完成后，运行软件，主界面如图 8-3-12 所示，该界面包括软件设置菜单（包括设置、日志、检查更新等）和功能选项卡（包括我的电脑、木马查杀、电脑清理、系统修复、优化加速、功能大全、金融·互助宝、软件管家等）。

图 8-3-11　正在安装 360 安全卫士

图 8-3-12　360 安全卫士主界面

（3）单击"木马查杀"功能选项卡，如图 8-3-13 所示，该选项卡提供了快速查杀、全盘查杀、按位置查杀等功能，用户可根据需要选择相应的功能。用户首次安装 360 安全卫士后，建议进行一次全盘查杀，以便清理潜藏在计算机内的木马病毒。如图 8-3-14 所示，360 安全卫士正在进行木马扫描。

图 8-3-13　"木马查杀"功能选项卡

图 8-3-14　360 安全卫士正在进行木马扫描

（4）单击"电脑清理"功能选项卡，如图 8-3-15 所示，360 安全卫士会对 Cookie、上网时产生的痕迹、注册表中的多余项目、计算机中不必要的插件等各类垃圾进行分类，以便用户分类清理。

（5）单击"系统修复"功能选项卡，如图 8-3-16 所示，用户可以开启单项修复、全面修复等功能。单击"全面修复"按钮，360 安全卫士将修复项目进行分类，方便用户有选择性地修复，如图 8-3-17 所示。

图 8-3-15 "电脑清理"功能选项卡　　　图 8-3-16 "系统修复"功能选项卡

（6）单击"优化加速"功能选项卡，如图 8-3-18 所示，用户可以开启单项加速、全面加速等功能，从而减少部分非必要程序所占用的系统资源，提高计算机的运行效率和稳定性。此外，还可以设置启动项、开机时间、忽略项和优化记录等。

图 8-3-17 扫描计算机系统漏洞　　　图 8-3-18 "优化加速"功能选项卡

（7）单击 360"功能大全"功能选项卡，如图 8-3-19 所示，该选项卡的"全部工具"菜单列表包括以下选项：电脑安全、数据安全、网络优化、系统工具、游戏优化、实用工具等，用户可根据需要进行选择。

（8）单击"金融·互助宝"功能选项卡，打开"金融-互助宝"界面，如图 8-3-20 所示，用户可以单击借钱、互助、投资选项卡，开启相关功能。

图 8-3-19 "功能大全"功能选项卡　　　图 8-3-20 "金融-互助宝"界面

（9）单击"软件管家"功能选项卡，打开"360 软件管家"界面，如图 8-3-21 所示，该界面包括宝库、游戏、商城、净化、升级和卸载等功能选项卡。

（10）单击"游戏管家"功能选项卡，打开"360 游戏管家"界面，如图 8-3-22 所示，该界面包括主页、游戏商店、游戏助手等功能选项卡。

图 8-3-21　"360 软件管家"界面　　　　　图 8-3-22　"360 游戏管家"界面

拓展阅读资料　　　　　　拓展阅读资料　　　　　　拓展阅读资料

360 安全卫士：不自动升级的设置　　360 安全卫士：将程序添加到信任列表　　360 安全卫士：误删文件的恢复方法
　　　　　　　　　　　　　　　　　　的方法

拓展阅读资料　　　　　　　　拓展阅读资料

360 安全卫士：系统垃圾文件的清理方法　　360 安全卫士：不自动修复漏洞的解决方式

任务拓展

1. 瑞星杀毒软件的使用方法

（1）下载瑞星杀毒软件（此处以瑞星杀毒软件 V17 版本为例）到本地计算机，双击该软件的可执行文件，弹出如图 8-3-23 所示的安装界面，如果要修改安装路径，则单击"自定义安装"按钮，调整软件的安装路径。若不修改安装路径，则单击安装界面的"快速安装"按钮，开始安装瑞星杀毒软件，如图 8-3-24 所示。

（2）如图 8-3-25 所示，安装完成后，弹出付费类型界面，用户可以选择使用方式此处建议单击"继续免费使用"按钮，打开瑞星杀毒软件主界面，如图 8-3-26 所示。

（5）单击"病毒查杀"功能选项卡，如图 8-3-27 所示，用户可以根据需要选择合适的查杀方式（包括快速查杀、全盘查杀、自定义查杀）。此外，还可以查看查杀设置、日志隔离区和白名单。

（6）单击"垃圾清理"功能选项卡，如图 8-3-28 所示，用户可以根据需要进行垃圾扫描。此外，还可以查看右键菜单、痕迹清理和文件粉碎器。

图 8-3-23　瑞星杀毒软件安装界面

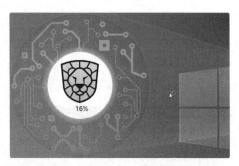

图 8-3-24　开始安装瑞星杀毒软件

图 8-3-25　付费类型界面

图 8-3-26　瑞星杀毒软件主界面

图 8-3-27　"病毒查杀"功能选项卡

图 8-3-28　"垃圾清理"功能选项卡

（7）单击"电脑加速"功能选项卡，如图 8-3-29 所示，用户可以单击"立即扫描"按钮，对计算机磁盘进行扫描，清除缓存垃圾。此外，还可以查看进程管理器和网络查看器，并对网速进行测试。

（8）单击"安全工具"功能选项卡，打开"安全工具"界面，如图 8-3-30 所示，该界面包括瑞星安全产品（包括安全浏览器）和系统优化产品（包括进程管理器、文件粉碎器、网络查看器、网络修复工具、隐私痕迹清理、流量统计和网络诊断）。

图 8-3-29　"电脑加速"功能选项卡

图 8-3-30　"安全工具"界面

（9）在主界面中，单击右上角的设置菜单按钮，弹出设置菜单，如图 8-3-31 所示。该菜单包括以下选项：系统设置、日志中心、上报管理、官方网站、卡卡论坛、在线帮助、检测更新、产品状态和关于。用户可根据需要进行设置。

（10）在设置菜单中选择"系统设置"选项，打开"设置中心"界面，左侧的菜单列表包括以下选项：常规设置、扫描设置、病毒防御、内核加固、软件保护、白名单、计划任务、产品升级和其他设置，如图 8-3-32 所示。

图 8-3-31　设置菜单

图 8-3-32　"设置中心"界面

2. 诺顿网络安全特警的使用方法

（1）诺顿网络安全特警（此处以诺顿网络安全特警 2012 版本为例）既具备杀毒软件的功能，还具备许多网络防护功能。下载软件到本地计算机，双击该软件的可执行文件，打开软件的安装界面，单击"自定义安装"按钮，打开如图 8-3-33 所示的界面，单击"浏览"按钮，设置软件的安装目录，单击"确定"按钮，返回安装界面，单击"同意并安装"按钮，开始安装诺顿网络安全特警。

诺顿网络安全特警的主界面如图 8-3-34 所示。与大多数国产杀毒软件的主界面有所不同，诺顿网络安全特警的主界面除包含"立即扫描""LiveUpdate"（用于升级病毒库）和"高级"三个按钮外，还在右上角设有"设置""性能"等选项，用户可以选择需要的选项，查看更多有关网络安全的设置。

图 8-3-33　选择软件的安装目录

图 8-3-34　诺顿网络安全特警的主界面

（2）单击"立即扫描"按钮，打开"电脑扫描"界面，如图 8-3-35 所示。该界面包括"快速扫描""全面系统扫描""自定义扫描"三种扫描方式。其中，"快速扫描"和"全面系统扫描"的功能与瑞星杀毒软件的相应功能比较类似，此处不再赘述。此处单独介绍"自定义扫描"方式，用户选择"自定义扫描"选项后，弹出如图 8-3-36 所示的"扫描"对话框，用户可以选择要扫描的磁盘、目录或文件。

（3）在"扫描"对话框中，单击"编辑扫描"列中的笔形图标，弹出如图 8-3-37 所示的"编辑扫描"对话框，用户可以查看"扫描项目"、"扫描日程表"和"扫描选项"。例如，当用户使用笔记本电脑时，可以单击"扫描日程表"选项卡，选中"仅在使用交流电源时"复选框，以降低电池的电能消耗。单击"扫描选项"选项卡，如图 8-3-38 所示，用户可以根据需要进行配置。

图 8-3-35　"电脑扫描"界面

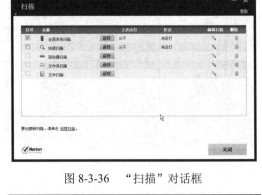

图 8-3-36　"扫描"对话框

图 8-3-37　"扫描日程表"选项卡

图 8-3-38　"扫描选项"选项卡

（4）在主界面中，选择"设置"选项，打开"设置"界面，如图 8-3-39 所示，该界面包括"电脑""网络""网页""常规""帮助"等选项卡，用户可以在不同的选项卡中设置安全防护属性。例如，在"电脑"选项卡中，选择左侧的"电脑扫描"选项，再单击"确定"按钮，打开"性能"界面，如图 8-3-40 所示，用户可以对计算机的 CPU、内存的使用率进行监测，也可以查看历史扫描操作。

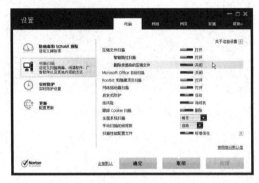

图 8-3-39　"设置"界面

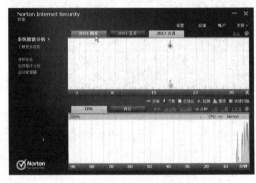

图 8-3-40　"性能"界面

（5）在图 8-3-40 中，选择左侧的"诺顿任务"选项，打开"诺顿任务"界面，如图 8-3-41 所示，用户可以对诺顿网络安全特警的计划任务进行配置；在图 8-3-40 中，选择左侧的"应用程序分级"选项，打开"诺顿智能扫描-应用程序分级"界面，如图 8-3-42 所示，用户可以查看当前计算机正在运行的程序，如果计算机已连接互联网，则系统会即时识别程序的可靠性。

图 8-3-41 "诺顿任务"界面　　　　　　图 8-3-42 "诺顿智能扫描-应用程序分级"界面

任务 8.4 数据恢复

 任务描述

周六早晨六点多，小李还在熟睡中，床边的电话突然响了起来。"是什么事情呢？"小李心想，"可能是公司有急事吧！"果然，公司的副总经理今天上午要去总部汇报上半年的工作情况，然而，副总经理昨晚使用计算机时，不小心按了 Shift+Delete 组合键，把非常重要的汇报文件删除了，并且在回收站里也找不到该文件，于是副总经理非常着急，早晨就急忙打电话联系小李，请小李想办法恢复数据。假如你是小李，你有什么好方法？

 任务分析

Shift+Delete 组合键用于直接删除文件，因此在回收站里无法找到被删除的文件。如果没有在磁盘的相同位置写入新文件，则恢复被删除文件的可能性较大。遇到这种情况时，可以使用数据恢复软件，这些软件不仅能恢复被删除的文件，而且可以恢复被格式化的分区。目前，国外的数据恢复软件有 FinalData、EasyRecovery、DataExplore、Recover MyFiles 等，国内的数据恢复软件有超级硬盘数据恢复、易我数据恢复向导等。

其中，FinalData 的恢复速率快，并且能单独恢复 Office 文档；EasyRecovery 可以修复.doc、.zip 等文件格式；国内软件对中文名称的文件的支持性较好。

如果仅使用一款软件恢复数据，则可能无法实现全面恢复数据的效果，因此建议操作者换用其他软件并多次尝试。本节仅介绍 FinalData 和易我数据恢复向导的使用方法。

 任务知识必备

文件在磁盘上的存储方式如同一个链表，表头是文件的起始地址，整个文件并不一定是连续的，而是逐个节点连接起来的。当访问某个文件时，系统只需找到表头即可。当删除某个文件时，系统仅仅删除了表头，后面的数据并没有被删除，直到下次进行写磁盘操作且需要占用节点所在的位置时，才会把相应的数据覆盖掉。数据恢复软件正是利用了这项原理。因此，即使用户误删除文件后又进行了其他写磁盘操作，也没有关系。只要没有覆盖掉原始数据，就可以实施数据恢复操作。

文件（或数据）为什么能被恢复？想解答这个问题，我们必须从文件在磁盘上的数据结构和文件的储存原理谈起。我们先回想一下，新购买的计算机磁盘需要进行哪些操作才能使用？答案是分区和格式化。一般情况下，我们要将磁盘分成五部分，即主引导扇区、操作系统引导扇区、文件分配表（FAT）、目录区（DIR）和数据区（Data）。

文件在删除与恢复的过程中，起重要作用的是"文件分配表"的"目录区"，为了安全起见，系统通常会存放两份相同的文件分配表；而目录区中的信息则定位了文件（数据）在磁盘中的具体保存位置，并记录了文件的起始单元（这是最重要的）、文件属性、文件大小等。当定位文件时，操作系统会根据目录区记录的起始单元，并结合文件分配表知晓文件在磁盘中的具体位置和大小。实际上，虽然磁盘的数据区占用了绝大部分磁盘空间，但是，它离不开前面各部分的配合，否则自身无法发挥作用。

用户日常所做的删除操作，只是让系统修改了文件分配表中的前两个代码（相当于做了"已删除"标记），同时将文件所占的簇号在文件分配表中的记录清零，以释放该文件所占的空间。因此，文件被删除后，磁盘剩余空间就增加了；而文件的原有数据仍被保存在数据区，只有当写入新数据时，原有数据才会被新数据覆盖。数据恢复软件就是利用这个特性对已删除的文件（数据）进行恢复的。

对磁盘进行分区和格式化操作，其原理和删除文件是类似的，前者只改变了分区表信息，后者只修改了文件分配表，两者的本质是相同的，即没有将数据从数据区中删除。

那么，如何让被删除的文件（数据）无法恢复呢？很多读者会说，将文件（数据）删除后，重新写入新数据，按此方法操作多次后，原始文件就可能找不到了。其实，这种操作不仅烦琐，而且不够保险。因此，最好借助一些专业的数据删除软件（如 O&O SafeErase）进行处理，这类软件可以自动多次写入数据，并让原始数据面目全非。

 任务实施

FinalData 的使用方法

（1）FinalData 的安装过程比较简单，这里不展开讲解，但需要注意，一定不能将软件安装到要恢复的分区中，否则可能造成数据永久丢失。FinalData（此处以企业版 v2.0 版本为例）的主界面如图 8-4-1 所示；选择"文件"菜单中的"打开"选项，打开"选择驱动器"对话框，如图 8-4-2 所示，先单击"物理驱动器"选项卡，在列表中选择磁盘，再单击"逻辑驱动器"选项卡，在列表中选择分区。

图 8-4-1　FinalData 的主界面　　　　　　　　　图 8-4-2　"选择驱动器"对话框

（2）选中 D 盘后，单击"确定"按钮，开始对 D 盘根目录进行扫描，如图 8-4-3 所示。扫描完成后自动进入"查找已删除文件"对话框，如图 8-4-4 所示。查找操作完成后，自动弹出"选择要搜索的簇范围"对话框，如图 8-4-5 所示。在该对话框中，设置要恢复的磁盘分区范围（起始值与结束值），软件将在该范围内搜索文件。如果不确定被删除文件的位置，请搜索整个磁盘分区，单击"确定"按钮后，弹出"簇扫描"对话框，如图 8-4-6 所示，开始搜索文件，这个过程将花费一定的时间，具体时长因磁盘分区的容量差异而有所不同，请耐心等待。

图 8-4-3 扫描 D 盘根目录

图 8-4-4 "查找已删除文件"对话框

图 8-4-5 "选择要搜索的簇范围"对话框

图 8-4-6 "簇扫描"对话框

（3）如图 8-4-7 所示，完成扫描后显示搜索到的文件。请注意界面左侧的列表，在"已删除目录"节点或"已删除文件"节点中会列出已找回的文件夹或文件。选择要恢复的文件夹或文件，执行"文件"→"保存"菜单命令，弹出"选择要保存的文件夹"对话框，如图 8-4-8 所示，在该对话框中，可以设置目标文件夹，以便被删除的文件（文件夹）恢复到指定位置。请注意，该目标文件夹不要与被恢复的磁盘分区相同。

图 8-4-7 显示搜索到的文件

图 8-4-8 "选择要保存的文件夹"对话框

（4）FinalData 的"Office 文件恢复"菜单如图 8-4-9 所示，先在"名称"列中选择已删除的

Office 文件，再执行 "Office 文件恢复" → "Microsoft Excel 文件恢复"（此处恢复的是.xls 文件，也可以恢复.doc 文件和.ppt 文件）菜单命令，弹出 "损坏文件恢复向导" 对话框，进入 "损坏文件选择" 界面，如图 8-4-10 所示，单击 "下一步" 按钮，修复.xls 文件。

图 8-4-9 "Office 文件恢复" 菜单

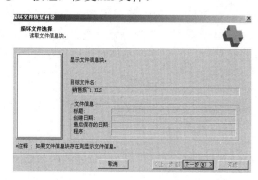

图 8-4-10 "损坏文件恢复向导" 对话框

（5）如图 8-4-11 所示，进入 "文件损坏率检查" 界面，用户可以查看文件的损坏级别。若文件的损坏级别超过 L2，则使用本软件无法恢复文件。若文件的损坏级别低于 L2，则单击 "下一步" 按钮，进入 "开始恢复" 界面，如图 8-4-12 所示，用户可以指定恢复文件的保存位置，请注意，该保存位置不要与被恢复的磁盘分区相同，单击 "开始恢复" 按钮，进行恢复操作，全部操作完成后，单击 "完成" 按钮。

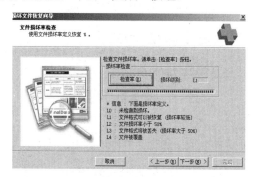

图 8-4-11 "文件损坏率检查" 界面

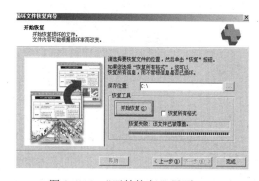

图 8-4-12 "开始恢复" 界面

 任务拓展

易我数据恢复向导的使用方法

（1）下载并安装易我数据恢复向导，但需要注意，一定不能将软件安装到文件要恢复的磁盘分区中，以免造成文件永久丢失。软件安装完成后开始运行，主界面如图 8-4-13 所示。在主界面中，有 "删除恢复""格式化恢复""高级恢复" 三个按钮，单击 "删除恢复" 按钮，进入 "删除恢复" 界面，如图 8-4-14 所示，用户可以根据实际需求选择要恢复数据的磁盘分区，此处选择 D 盘，单击 "下一步" 按钮。

（2）经过搜索，结果如图 8-4-15 所示，磁盘分区的文件列表位于界面的左侧，其中有斜线的图标代表已删除的文件或文件夹。在右侧的文件名区域中，选择待恢复的文件，单击 "下一步" 按钮，进入下一界面，输入要恢复文件的存储路径，如图 8-4-16 所示，需要注意，该存储路径不能选择被恢复的磁盘分区。

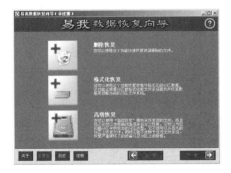

图 8-4-13　易我数据恢复向导的主界面

图 8-4-14　选择要恢复数据的磁盘分区

图 8-4-15　搜索结果

图 8-4-16　输入要恢复文件的存储路径

（3）返回主界面，单击"格式化恢复"按钮，进入如图 8-4-17 所示的界面，选择磁盘分区类型，单击"下一步"按钮，打开"正在搜索文件"对话框，如图 8-4-18 所示，搜索完成后，显示搜索结果，用户可以指定要恢复文件的存储路径。

图 8-4-17　选择磁盘分区类型

图 8-4-18　"正在搜索文件"对话框

任务 8.5　备份系统分区

 任务描述

小明的好朋友甄晓丽买了一台新计算机，用于上网、玩游戏、看在线视频。因为甄晓丽对计算机不熟悉，所以她在使用计算机时经常误操作，造成蓝屏、死机等现象。每当遇到这种情况，她都向小明求助，小明只好给她重装计算机操作系统。可是，经常这样做很浪费时间和精力。假如你是小明，你有什么好方法？

 任务分析

上面所描述的问题，其实不难解决，只要操作者选择合适的备份恢复软件即可。这类软件有很多，其中比较著名的是赛门铁克公司研发的软件 Ghost。利用 Ghost 可以把磁盘分区压缩成一个文件。当遇到系统崩溃时，直接使用备份文件进行恢复即可，从而省去了漫长的系统安装、驱动程序安装和软件安装时间。

Ghost 分为两个版本：Ghost（支持 DOS）和 Ghost32（支持 Windows）。两者具有统一的界面，可以实现相同的功能，用户可以在 DOS 中使用 Ghost，或者在 WinPE 中使用 Ghost32，本节主要介绍后者的使用方法。

 任务知识必备

8.5.1 Ghost 简介

Ghost 是 General Hardware Oriented Software Transfer 的缩写，字面含义为面向通用型硬件系统传送器，是美国赛门铁克公司推出的一款比较出色的磁盘备份还原工具，可以实现 FAT16、FAT32、NTFS、OS2 等多种格式的分区及磁盘的备份还原，俗称克隆软件。Ghost 的备份还原是以磁盘的扇区为单位的，也就是说可以将一个磁盘上的物理信息完整复制，而不是仅把数据简单复制；Ghost 支持将分区或磁盘直接备份到一个扩展名为.gho 的文件里（赛门铁克公司把这种文件称为镜像文件），也支持直接备份到另一个分区或磁盘中。

Ghost 分为支持 DOS 的版本和支持 Windows 的版本，支持 DOS 版本的 Ghost 只能在 DOS 中运行。支持 Windows 版本的 Ghost32 只能在 WinPE 中运行。

通常情况下，建议通过 WinPE 进行 Windows 相关的备份和还原操作。

由于 DOS 的特性，通过 DOS 也可以进行与 Windows 相关的备份和还原操作，这种方式无须启动 Windows，并且这种备份和恢复方式更稳定、更高效。但需要操作者熟悉 DOS 命令。

8.5.2 WinPE 简介

2002 年 7 月 22 日，微软公司于发布 WinPE。WinPE 是 Windows Preinstallation Environment 的简称，字面含义为 Windows 预安装环境。WinPE 是带有有限服务的最小 Win32 子系统。WinPE 基于以保护模式运行的 Windows XP Professional 内核，包括运行 Windows 安装程序及脚本、连接网络共享、自动化基本过程及执行硬件验证所需的最小功能。换言之，读者可以把 WinPE 看作一个只拥有最少核心服务的 Mini 操作系统。

WinPE 支持创建和格式化磁盘分区，访问 NTFS 文件系统分区和内部网络。WinPE 支持所有能用 Windows 2000 和 Windows XP 驱动的大容量存储设备，用户可以很容易地为新设备添加驱动程序。WinPE 支持复制、删除、格式化各种磁盘分区格式（FAT、FAT32、NTFS 等）的系统文件。

通过 WinPE 可以把现有的基于 DOS 的应用程序转换为 32 位的 Windows API，以便程序开发者在标准的开发环境中维护这些应用程序。WinPE 包含的硬件诊断和其他预安装工具都支持标准的 Windows XP 驱动程序，对程序开发者而言，就可以把主要精力放在程序的诊断、调试和开发等环节上。

自定义过的 WinPE 可以储存在一些媒介中，如 CD-ROM、DVD（ISO 格式化过的）、启动 U 盘及远程安装服务器（RIS）等。

 任务实施

（1）通过启动 U 盘或光盘引导计算机系统，进入 WinPE，启动 Ghost32，参照项目 6 中介绍的方法，此处不再赘述。Ghost32 运行后，启动界面如图 8-5-1 所示，单击"OK"按钮，弹出如图 8-5-2 所示的菜单，执行"Local"→"Partition"→"To Image"菜单命令，加载备份程序。

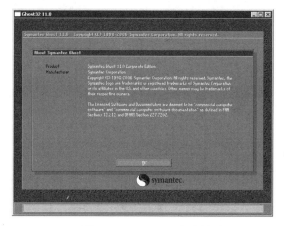

图 8-5-1　Ghost32 启动界面

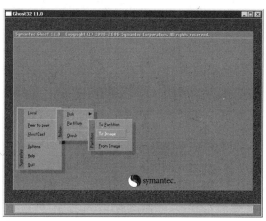

图 8-5-2　执行"Local"→"Partition"→
"To Image"菜单命令

（2）弹出如图 8-5-3 所示的对话框，选择源磁盘（将要备份的磁盘），此处选择序号为 1 的磁盘，单击"OK"按钮；弹出如图 8-5-4 所示的对话框，选择源分区（将要备份的分区），此处选择序号为 1 的分区，即系统分区，单击"OK"按钮。

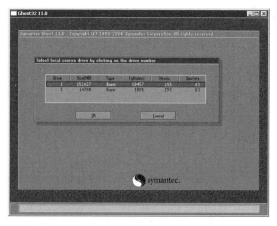

图 8-5-3　选择源磁盘

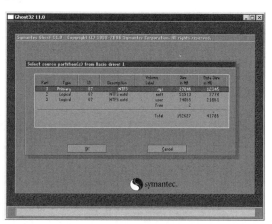

图 8-5-4　选择源分区

（3）弹出如图 8-5-5 所示的对话框，设置备份文件的名字和存储位置，请保证镜像文件所在的剩余分区空间足够大，否则会出现错误提示，导致无法备份。此处输入文件名"win7"，存储位置设置为 E 盘根目录，单击"Save"按钮。

弹出如图 8-5-6 所示的对话框，设置压缩方式。其中，Fast 方式（系统默认）的压缩率一般，但备份速度较快；High 方式的压缩率高，但备份速度较慢，No 表示不压缩。此处建议单击"Fast"按钮，开始备份操作。

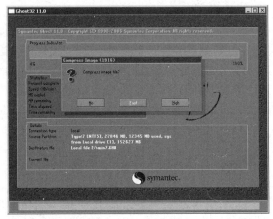

图 8-5-5　指定备份文件的名字和存储位置　　　　图 8-5-6　设置压缩方式

微课视频　　　　　　　　　　微课视频

使用 Ghost 备份系统分区　　　　使用 Ghost 还原系统分区

任务拓展

磁盘到磁盘的备份

Ghost 不仅可以实现分区的备份，还可以实现磁盘到分区的备份，磁盘到磁盘的备份。但需要注意，目标磁盘应有足够的空间容纳源磁盘上的数据，并严格区分源磁盘和目标磁盘，避免造成不可恢复的数据丢失。

（1）通过启动 U 盘或光盘引导计算机系统，进入 WinPE，启动 Ghost32。Ghost32 运行后，单击"OK"按钮，弹出如图 8-5-7 所示的菜单，执行"Local"→"Disk"→"To Disk"菜单命令，加载备份程序。弹出如图 8-5-8 所示的对话框，选择序号为 1 的源磁盘，单击"OK"继续。

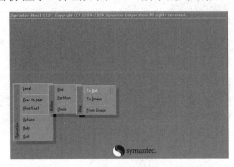
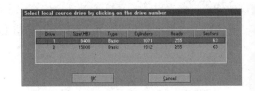

图 8-5-7　执行"Local"→"Disk"→"To Disk"菜单命令　　　图 8-5-8　选择序号为 1 的源磁盘

（2）弹出如图 8-5-9 所示的对话框，选择序号为 2 的目标磁盘，单击"OK"按钮；弹出如

图 8-5-10 所示的对话框，展示了磁盘分区的详细信息，操作者可以通过这些信息确认目标磁盘是否选择无误，若无问题，则单击"OK"按钮。

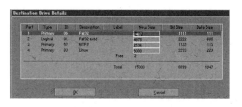

图 8-5-9　选择序号为 2 的目标磁盘　　　　　图 8-5-10　磁盘分区的详细信息

（3）弹出如图 8-5-11 所示确认提示对话框，提示操作者目标磁盘的数据将被完全覆盖，单击"OK"按钮，开始磁盘到磁盘的备份。如果目标磁盘的容量不足以容纳源磁盘的数据，则弹出错误提示对话框，如图 8-5-12 所示。

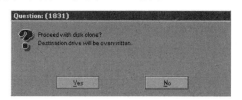

图 8-5-11　确认提示对话框　　　　　　　图 8-5-12　错误提示对话框

拓展阅读资料

Ghost 使用过程中的异常情况及应对方法

项目实训　安全防护综合利用

 项目描述

做好计算机的安全防护任务，不仅要求能够安装相关软件，而且要求掌握各种软件的功能和使用方法。本项目介绍了常用的杀毒软件、防火墙软件、Windows 用户权限、安全策略等。其实，还有很多有价值的安全防护软件需要掌握，建议读者自行学习。

 项目要求

（1）通过互联网搜索常用的安全防护软件，访问其官方网站，并了解具体信息。
（2）了解常用的安全防护软件对 CPU 和内存的占用情况。
（3）安装常用的安全防护软件，掌握其使用方法，并总结使用感受。
（4）对常用的安全防护软件进行配置和基本测试。

 项目提示

本项目涉及的常用安全防护软件有很多种，作为一名计算机维护人员，必须准确地根据客户的各种要求安装软件，并熟悉软件的功能和使用方法，力争做到举一反三。

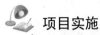 项目实施

本项目可在有网络条件的计算机实训室进行，采用 3 人一组的方式进行操作，每组的任务自由分配，项目实施时间为 45 分。

通过实施本项目，可巩固学生所学的知识和技能，促进学生将知识点融会贯通，加强学生的团队协作能力，培养学生的职业素养，提高学生的职业技能水平。

 项目评价

项目实训评价表

	内　容	评　　价		
	知识和技能目标	3	2	1
职业能力	了解常用的杀毒软件			
	了解常用的防火墙软件			
	熟练安装常用的杀毒软件			
	熟练安装常用的防火墙软件			
	熟练使用杀毒和防护墙软件			
通用能力	语言表达能力			
	组织合作能力			
	解决问题能力			
	自主学习能力			
	创新思维能力			
综合评价				

计算机故障诊断

任何计算机都会遇到故障，对计算机维护人员而言，能够正确地排除计算机故障并使其恢复工作非常重要。其实，计算机故障可以分为软件故障和硬件故障，只要我们熟悉计算机配件、操作系统和应用软件，并且遵循相关规则，不断积累和总结经验，便能正确处理计算机故障。

如今，计算机越来越智能化，配件升级很频繁。计算机硬件维修的概念已经悄然发生改变，即从单纯的硬件维修发展为硬件维修结合软件检测。

知识目标

了解计算机故障出现的原因。

了解常见的计算机故障。

技能目标

掌握计算机故障诊断的规则。

掌握计算机故障诊断的步骤和方法。

掌握常见的计算机故障排除方法。

思政目标

通过讲解计算机硬件的维护和维修，使学生认识到安全生产的重要意义，形成敬畏科学的工作态度，树立强烈的安全意识和责任意识。

通过讲解计算机硬件维修的相关知识，使学生理解工匠精神的内涵和要求，以实际行动自觉践行工匠精神。

通过讲解计算机硬件维修的操作步骤，使学生认识到事物由低级到高级的发展规律，懂得用发展的眼光看待问题、理解问题、解决问题。

任务 9.1　计算机故障诊断的步骤和方法

任务描述

赵丽打电话向你求助，她姑妈家的计算机出现故障，无法启动了。这台计算机是 4 年前购买的，以前一直能正常使用，就是最近几天，经常出现死机现象，而今天突然无法开机了。为此，赵丽和她的姑妈都很着急，到底是怎么回事呢？请你帮赵丽解决这个难题。

任务分析

计算机故障可以分为软件故障和硬件故障。

硬件故障：因受到外力破坏或用户使用不当，造成计算机硬件产生故障，大多表现为计算机不能启动或计算机内的蜂鸣器报警。

软件故障：计算机能够启动，但提示系统出错，无法运行操作系统；或者操作系统可以运行，但软件无法运行。

软件故障和硬件故障没有明确的界限，因此，分析和排除故障时要考虑全面。

任务知识必备

9.1.1 计算机故障产生的原因

计算机故障的原因有很多，一般可分为电源故障（如电压不稳、电源干扰），温度故障（CPU、主板、显卡、磁盘温度过高或过低），硬件损坏（电容漏液、MOS 管击穿）等。

（1）正常的使用故障：主要分类两类。第一类，配件（如风扇、光驱、磁盘、键盘、鼠标等）的机械部分正常磨损，日积月累，产生故障。第二类，含有大量电子元器件的配件（主板、显卡等）超出使用寿命，产生故障。

如果计算机出现这类故障，则应该及时更换损坏的配件。

（2）硬件故障：计算机的硬件故障包括 CPU 故障、主板故障、内存故障、显卡故障、磁盘故障等。引起上述配件故障的原因多数是电子元器件脱焊、断路、短路、击穿等。

如果计算机出现这类故障，则应该及时更换损坏的配件。此外，计算机维护人员在掌握了一定原理的前提下，也可以修复配件。

（3）电源故障：电源对计算机至关重要。如果电源产生故障（如电压异常），就容易对计算机的配件造成损害（如击穿集成电路、出现磁盘坏道现象）。

（4）温度造成的故障：大部分计算机配件虽然在设计时考虑了应用环境的温度，然而，由于部分配件集成化程度高，运行时间长，功率相对较大（如 CPU、显卡等配件的功率为 40W~100W），散热条件有限，容易造成计算机出现死机现象，甚至造成计算机内部的电子元器件损坏（如电容爆浆）。

（5）静电造成的故障：因为计算机在运行时会产生静电，所以我们触摸计算机的机箱时，可能会发生轻微的电击现象。虽然这些静电对人体没有特别严重的危害，但是这些静电足以击穿计算机内的一些芯片（如 I/O 芯片、内存芯片等）。为了避免静电对计算机的影响，必须做好计算机的电源接地工作。

（6）软件系统的故障：一般由计算机病毒、木马病毒、人为误操作等造成。软件系统的故障会造成磁盘数据丢失、系统不能启动、死机等现象。由此可见，应做好计算机的软件系统防护工作。

初学者往往对五花八门的计算机故障感到困惑。其实，维修计算机前，只要对计算机进行全面体检，按照一定的步骤查找故障原因，故障就不难排除。

下面，我们先来熟悉计算机的启动顺序。

9.1.2 计算机的启动顺序

（1）启动电源，此时电源会向主板发出"power good"信号，如果信号正常，则主板启动。

（2）CPU 复位，寄存器全部清零。

（3）载入 BIOS 程序，如果内存不正常，则蜂鸣器报警。

（4）检查显卡，屏幕上出现显卡信息。

（5）检查主板上的其他配件，显示设备信息，如 CPU、内存、磁盘、光驱等。如果有错误，则 BIOS 程序停止，屏幕上出现提示信息。

（6）读取磁盘分区信息，如果错误，则屏幕出现提示信息。

（7）载入操作系统的引导程序，如果一切正常，则可以看到操作系统的启动界面。

任务实施

1. 计算机故障诊断的步骤

（1）注意倾听计算机运行时的声音，如果声音异常，则应该马上关机检查。

（2）如果蜂鸣器报警，则应该注意其鸣叫的次数和长、短音的节奏。

（3）观察显示器上的提示信息，如果不显示任何信息（黑屏），则可能为主机未启动，显卡异常，显示器故障，电源线缆未接好，数据线缆未接好。

（4）观察加载操作系统时的情况，如果无法加载操作系统，则可能为磁盘或操作系统故障。

（5）观察加载操作系统后的情况，如果出现死机现象，则可能为板卡/内存不稳定，驱动程序不兼容，软件不兼容，磁盘存在故障。

（6）拆开机箱进行观察，是否有接触不良的配件，是否有损坏的配件，是否闻到焦煳气味。如果能拆卸发生故障的配件，则可以用好的配件替换后，再进行测试。

2. 计算机故障诊断的基本方法

（1）观察法：观察法是判断计算机故障的第一要法，观察法贯穿整个计算机维修过程，不仅要求认真，而且要求全面。观察的范围包括周围的环境、硬件环境（包括接口、插头、插座和插槽等）和软件环境（用户操作的习惯、过程）。重点观察的内容包括板卡上的电子元器件有是否有明显的损坏，机箱内部是否散发出焦煳气味，开关、按键是否卡死，风扇是否停转，手测板卡散热器是否温度过高等。

（2）最小系统法：最小系统指从维修的角度出发，能使计算机开机或运行的最基本的硬件和软件环境。最小系统有两种形式，分别为硬件最小系统和软件最小系统。

硬件最小系统：由电源、主板和CPU组成。在这个系统中，没有连接任何信号线缆，只连接电源到主板的线缆，需要计算机维护人员通过声音判断这些核心配件是否正常工作。

软件最小系统：由电源、主板、CPU、内存、显卡、显示器、键盘和磁盘组成。计算机维护人员可以根据软件最小系统检测系统能否正常启动与运行。

借助最小系统法，计算机维护人员可以先判断在最基本的软、硬件环境中，系统能否正常运行。如果系统不能正常运行，则可以认为在最基本的软、硬件环境中存在故障，从而起到故障隔离的作用。

（3）逐步添加/去除法：以最小系统为基础，每次只向系统添加（去除）一个配件或软件，并观察故障现象有无变化，从而判断产生故障的位置。

（4）隔离法：将可能妨碍判断故障的硬件或软件屏蔽起来；或将疑似冲突的硬件、软件相互隔离，从而观察故障现象有无变化。

所谓软、硬件屏蔽，对软件而言，即令其停止运行，或者将其卸载；对硬件而言，即在设备管理器中禁用、卸载其驱动程序，或者将其硬件部分去除。

（5）替换法：用好的配件代替可能有故障的配件，以判断故障现象是否消失。好的配件可以是同型号的，也可以是不同型号的。根据故障现象或故障类别，考虑要替换的配件。替换的顺序如下：按先简单、后复杂的顺序（如内存→CPU→主板）进行替换。例如，检查打印机时，先考虑打印机驱动程序是否有问题，再考虑打印机线缆是否连好，最后考虑打印机或并口是否有故障。

总之，先考虑配件的驱动程序是否有问题，再考虑配件的信号线缆、电源线缆是否连好，最后考虑配件及其相关配件是否有故障。一般情况下，从配件的故障率考虑替换的优先级，即故障率高的配件先进行替换。

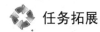 **任务拓展**

计算机在长期使用后，机箱内会积攒大量灰尘。灰尘会危害计算机，因此，建议大家对计算机定期清理。我们先来了解清理计算机的工具和注意事项。

1. 工具准备

清理计算机前，需要准备合适的工具。一般的除尘操作不需要复杂的工具，建议准备十字螺丝刀、一字螺丝刀、小毛刷/油画笔（此处不建议使用普通毛笔，因为毛笔易脱毛）等。如果想清理软驱、光驱内部，则应该额外准备镜头拭纸、吹风机、无水酒精、脱脂棉球、镊子、皮擓子、回形针、钟表油（或缝纫机油）、黄油等。

2. 注意事项

（1）拆卸机箱前，请确认计算机的保修期。对于在保修期内的品牌计算机，建议读者不要自行拆机，其原因是自行拆机后，厂家可能不提供免费保修服务。正确的做法是，将计算机拿到厂家指定的维修点，请专业人员进行内部除尘操作。

（2）对于已过保修期的品牌计算机或组装台式机，拆机时务必遵循轻拿轻放的原则，这是因为计算机的多数配件属于精密仪器，应尽量避免损坏配件。

（3）拆机时，注意插槽和线缆的方向和位置，以便后期正确装机。

（4）用螺丝刀固定各配件时，应先对准配件的位置，再拧紧螺钉。特别注意，当为主板安装配件（如内存、适配卡等）时，若配件的位置出现偏差，则可能产生配件与主板接触不良、短路等问题，日积月累，会导致主板变形，以及其他严重的故障。

（5）由于计算机板卡含有大量的 MOS 集成电路，MOS 集成电路中的多数电子元器件对静电高压非常敏感。当带静电的人或物触及计算机板卡时，产生的静电会损坏这些元器件，因此要做好静电防护措施。

3. 外部设备清理

（1）台式计算机显示器的清理。显示器可以分为外壳和显示屏两部分。

① 外壳变黑、变黄的主要原因是灰尘和室内烟尘。可以使用专用的清洗剂。

② 用较软的小毛刷清理散热孔缝隙中的灰尘。顺着缝隙的方向轻轻扫动，并配合使用吹气皮囊吹掉灰尘。

③显示屏的清理工作略微复杂，因为显示屏带有保护涂层，因此清理显示屏时不能使用任何溶剂型清洗剂。建议使用眼镜布或镜头拭纸顺着一个方向擦拭，切忌来回擦拭。擦拭材料多次使用后，建议及时更换，防止二次污染或划伤涂层。

（2）键盘及鼠标的清理。

① 将键盘倒置，轻拍键盘底部，将潜藏的碎屑及时排出，避免出现键盘卡键现象。

② 用棉签清理按键缝隙之间的污垢。

③ 将鼠标底部的螺钉拧下，打开鼠标。

④ 使用清洗剂擦拭内部的滚动球和滚动轴，去除污垢后，装好鼠标即可。

虽然光电鼠标多采用密封设计，但难免会有少量灰尘和污垢进入鼠标内部。建议读者在使用鼠标时，最好配备鼠标垫，提高鼠标的耐用性，延长鼠标的寿命。

4. 机箱外壳的清理

过去，台式计算机的机箱通常被放在书桌下部的台架上，机箱外壳会附着大量的灰尘，使用者对机箱的清理也不及时；现在，虽然部分计算机的机箱体积很小，并被放在书桌表面，但仍然无法避免灰尘对机箱的侵扰。清理机箱外壳时，可以先用干布除去灰尘，再用蘸了清洗剂的湿布擦除顽固污渍，最后用小毛刷轻轻地清扫机箱后部的各种接口。

5．机箱内部清理

由于机箱并不是密封的，使用一段时间后，机箱内部便会积聚很多灰尘，大量的灰尘会影响计算机正常运行，引发计算机故障，甚至造成机箱内部发热，烧毁配件等严重后果。因此，机箱内部的清理工作非常重要，并且应该养成定期清理的习惯，通常建议每三个月开展一次清理工作。

（1）拆卸机箱。拆卸机箱前，务必关机，并释放身体所携带的静电，或者戴上防静电手套后再进行操作。

① 拔下机箱后部的所有连接线缆，用螺丝刀拧下固定机箱盖的螺钉，取下机箱盖。

② 将机箱卧放，使主板向下，用螺丝刀拧下条形窗口上边缘固定插槽的螺钉，并用双手捏紧插槽的上边缘，竖直向上拔出。

③ 将磁盘、光驱和软驱的电源插头沿水平方向向外拔出，数据线缆的拔出方式与电源线缆的拔出方式相同；用十字螺丝刀拧下驱动器支架两侧固定驱动器的螺钉，取出驱动器。

④ 在机箱后部，拧下固定电源的螺钉，取下电源。

⑤ 拔下插在主板上的各种线缆。当拔电源线缆时，电源的双排 20 针接口有一个小塑料卡，捏住小塑料卡并向上拉，即可拔下电源线缆。

⑥ 将内存插槽两边的塑胶夹脚向外扳动（可适当用力），使内存能够跳出，取出内存。

⑦ 拆卸 CPU 散热器时，需先按下远端的弹片，并让弹片脱离 CPU 的插座，再取出 CPU 散热器。

⑧ 拧下主板与机箱固定的螺钉，将主板从机箱中取出。

（2）机箱拆卸操作完成后，开始清理机箱及配件。

① 清理主板。用小毛刷先将主板表面的灰尘清理干净，再用油画笔清理各种插槽、驱动器接口等。再用皮掫子或吹风机吹散灰尘。

提示：如果插槽内的金属针脚有油污，则可以用脱脂棉球蘸一些专用的清理剂或无水乙醇擦拭。

② 清理内存和适配卡。可先用小毛刷轻轻地清扫内存和适配卡表面的灰尘，再用皮掫子或吹风机吹散灰尘。用橡皮擦轻轻地擦拭内存和适配卡的"金手指"的正面与反面，清理灰尘、油污和氧化层。

③ 清理 CPU 散热风扇。用十字螺丝刀拧下风扇上面的固定螺钉，取出散热风扇。先用小毛刷清理风扇的叶片及边缘，再用吹风机将灰尘吹散，最后用湿布擦拭散热片上的积尘。

提示：有些散热风扇是和 CPU 连为一体的，我们用常规的工具无法分离风扇与散热片，只能用小毛刷清理风扇叶片和轴承中的灰尘，再用皮掫子将余下的灰尘清理干净。

④ 清理电源。拧下固定电源外壳的螺钉，拆分电源内的电路板，使其和电源外壳分离。先使用皮掫子和小毛刷进行清理，再拧下电源背后的四颗螺钉，把电源风扇从电源外壳上分离下来，最后用小毛刷将电源风扇清理干净。

提示：如果电源还在保修期内，则建议用小毛刷将电源外壳与风扇叶片上的灰尘清理干净即可，尽量不对在保修期内的电源随意拆卸。

⑤ 清理光驱。将回形针展开，插入应急弹出孔，稍稍用力将光驱托盘打开，用镜头拭纸将目及之处轻轻擦拭干净。如果光驱的读盘能力下降，则可以拆卸光驱，用脱脂棉球或镜头拭纸轻轻擦拭激光头表面，除去灰尘。

（3）完成所有的清理工作后，重装所有配件。

任务 9.2　计算机故障诊断与修复案例

任务描述

你的朋友高飞是公司的计算机管理员，现向你请教常用的计算机故障诊断与修复技术，以便在日常工作中能处理常见的计算机故障。

任务分析

计算机故障看似纷繁复杂。其实，诊断和修复这些故障并非遥不可及。只要将计算机故障进行分类，熟练识别各种故障的表现，并掌握足够的修复技能，就能逐步诊断和修复一些常见的计算机故障。本任务将围绕常用的计算机故障诊断与修复技术进行介绍。

任务知识必备

9.2.1　计算机故障分类

1．硬件故障

硬件故障指计算机的配件损坏或性能不稳定引起的故障。硬件故障可以分为元器件故障和机械故障。

（1）元器件故障。

元器件故障指板卡上的元器件、接插件和印刷电路板产生的故障。元器件/接插件产生故障的主要原因：元器件/接插件损坏、性能下降，或者由外电路故障引起板卡上的元器件/接插件损坏、性能下降。印刷电路板的质量也会影响计算机的性能。计算机的关键板卡的印刷电路板都是多层的，印刷电路板如果产生故障，则通常难以修复。只有部分可以拆卸的元器件/接插件产生故障后比较容易解决。

（2）机械故障。

机械故障一般发生在外设中，主要涉及带有机械结构的设备（如打印机、软盘驱动器、光盘驱动器、各种磁盘、键盘等），这类故障比较容易发现。

2．软件故障

软件故障指系统软件不兼容或被破坏，导致计算机系统无法启动或无法正常工作；或者应用软件遭到破坏后无法正常运行，导致计算机系统无法正常工作。通常情况下，我们也把软件故障引起的现象称为"死机"。

常见的软件故障包括系统配置不当，系统文件混乱导致命令文件和系统隐含文件不兼容，磁盘设置或使用不当（一方面，可能为磁盘设置不当，引起磁盘的主引导扇区、分区表、文件目录表等发生信息丢失或损坏现象；另一方面，磁盘上可能没有系统文件，导致系统无法启动）。

3．病毒故障

病毒故障指计算机系统中的文件感染病毒，并且病毒发作后导致计算机系统无法正常工作。为了应对病毒故障，可以开启病毒防护系统进行预防，并使用杀毒软件进行查杀。为预防破坏性较强的病毒，建议读者使用相关软件定期查杀，以防计算机系统受到破坏，造成无法挽回的损失。

4．人为故障

人为故障主要是由使用者操作不当引起的，常见的人为故障包括电源接错，各种数据线缆、信号线缆接错或接反，带电进行各种接口的插拔操作，带电搬动计算机等。

9.2.2　常见的故障类型举例

1．加电类故障

可能出现的故障现象：主机无法加电运行（电源风扇不转或转一下便停止）、开机跳闸、机箱金属部分带电；开机后显示器无显示、开机报警；自检报错或死机；在自检过程中，显示当前配置与实际配置不符；反复重启；无法进入 BIOS、刷新 BIOS 后死机或报错；CMOS 掉电、时钟不准；主机噪音大、自动（定时）开机、电源故障等。

可能涉及的配件与其他因素：市电环境；电源、主板、CPU、内存、显示卡、其他板卡；BIOS 的设置参数（可通过放电恢复到出厂状态）；开关及开关线、复位按钮及复位线。

判断故障的要点与顺序：市电的电压是否正常；计算机的连接线缆、开关是否正常；计算机供电线路是否因为外部金属异物造成短路；主板的电池电压能否达到 3.3V；CPU 风扇是否转动；电源风扇是否转动；利用 POST 诊断卡检测主板运行是否正常。

2．启动与关闭类故障

可能出现的故障现象：在启动过程中，出现死机、报错、黑屏、反复重启等现象；在启动过程中，提示某个文件有错误；在启动过程中，总是执行一些不应该的操作（如磁盘扫描、启动一个不正常的应用程序等）；只能以安全模式或命令行模式启动；登录时失败、报错或死机；关闭操作系统时死机或报错。

可能涉及的配件与其他因素：BIOS 的设置参数、启动文件、设备驱动程序、操作系统配置文件、应用程序配置文件；电源、磁盘及磁盘驱动器；主板、信号线缆、CPU、内存、其他板卡。

判断故障的要点与顺序：驱动器跳线、数据线缆的连接是否正常；板卡接触是否良好；CPU 是否过热；板卡上的电子元器件有无损伤；CMOS 的设置参数是否正确；磁盘分区是否正常；磁盘有无坏道。

3．磁盘类故障

可能出现的故障现象：磁盘有异响，噪音较大；BIOS 不能正确地识别磁盘、磁盘指示灯常亮或不亮、磁盘干扰其他驱动器工作；磁盘不能分区或格式化、磁盘容量不正确、磁盘有坏道、数据丢失；逻辑驱动器盘符丢失或被更改；访问磁盘时报错；磁盘被写保护，无法访问数据；第三方软件造成磁盘故障；磁盘保护卡引起的故障；光驱噪音较大、光驱划盘、光驱托盘不能弹出或关闭、光驱读盘能力差；光驱盘符丢失或被更改、系统检测不到光驱；访问光驱时出现死机或报错现象；光盘介质造成光驱不能正常工作。

可能涉及的配件与其他因素：磁盘、光驱、软驱，以及它们的设置参数，主板上的磁盘接口、电源、信号线缆。

判断故障的要点与顺序：磁盘连接线缆、跳线、数据线缆、电源线缆是否正常；磁盘电路板是否损坏；磁盘声音、温度是否正常；BIOS 对磁盘参数的识别是否正常；使用软件检测磁盘的磁道是否损坏、分区是否损坏、系统文件是否丢失；磁盘是否安装了系统还原软件。

4. 显示类故障

可能出现的故障现象：开机后，显示器无任何显示；显示器有时或经常不能加电；显示器虽然能加电，但出现图像偏色、抖动、滚动、发虚现象；在某种应用或配置下，出现花屏、发暗（甚至黑屏）、重影、死机现象；显示器的参数不能设置或修改；计算机休眠并唤醒后，显示器异常；显示器有异味或异响。

可能涉及的配件与其他因素：显示器、显卡，以及它们的设置参数；主板、内存、电源，以及其他相关配件；可能对计算机造成电磁干扰的其他设备。

判断故障的要点与顺序：显示器电源线缆和信号线缆的连接是否正常；显示器是否能加电；更换显卡后是否正常；刷新频率是否符合显示器的要求；显示器的设置参数是否正常；显卡驱动是否正常。

5. 安装类故障

可能出现的故障现象：安装操作系统时，在文件复制过程中，出现死机或报错现象；在系统配置过程中，出现死机或报错现象；安装应用软件时，在文件复制和系统配置过程中，出现报错、重启、死机现象；安装硬件设备后，系统出现异常现象（如黑屏、无法启动等）；卸载应用软件后，软件无法重新安装，或者已安装的软件无法卸载。

可能涉及的配件与其他因素：磁盘驱动器、主板、CPU、内存，以及其他配件、软件。

判断故障的要点与顺序：与主机连接的其他设备是否正常工作；设备之间的连接线缆是否出现接错或漏接现象。接口和插槽的针脚是否出现变形、缺失、短路现象；CPU 风扇的转速是否正常；驱动器工作时是否有异响；使用软件检测内存是否稳定运行；BIOS 是否打开写保护功能；光驱读盘是否正常；磁盘是否受还原软件保护。

6. 接口与外设故障

可能出现的故障现象：键盘工作异常、功能键不起作用；鼠标工作异常；打印机工作异常；外部设备工作异常；串口通信错误（如传输数据报错、丢失数据、串口设备无法识别等）；USB 设备工作异常（例如，通过 USB 接口带不动 U 盘或移动硬盘；无法接入多个 USB 设备等）。

可能涉及的配件与其他因素：装有相应接口的配件（如主板）、电源、连接电缆、BIOS 的设置参数。

判断故障的要点与顺序：设备的接口与连接线缆是否匹配；接口和插槽的针脚是否出现变形、缺失、短路现象；在 BIOS 中，是否开启了接口并分配了合理的终端号；USB 接口是否供电正常；更换的外设是否正常工作。

7. 局域网类故障

可能出现的故障现象：网卡工作异常，指示灯状态不正确；局域网中的部分计算机可以连接网络，而其他计算机无法连接网络；计算机能 ping 通网络，但网络连接异常；网络传输速率慢、数据传输出现错误；网络应用出现错误，甚至出现死机现象；网络连接正常，但使用某应用程序时，无法访问网络；在局域网中，只能看见自己的计算机或局域网内的部分计算机；网络设备安装异常；网络出现时通、时不通的现象。

可能涉及的配件与其他因素：网卡、交换机（包括 HUB、路由器等）、网线、主板、磁盘、电源等相关配件。

判断故障的要点与顺序：使用测线仪检查网线是否正常；水晶头是否出现氧化现象；交换机是否正常工作；计算机更换网卡后是否正常工作；IP 地址是否正确；工作组是否正确。

8．误操作和应用类故障

此类故障主要是用户非正常使用计算机，非正常优化计算机，随意删除文件等操作导致的。如果用户不熟悉计算机的操作规范和维护方法，则应避免擅自对计算机进行优化，以免误删、误改应用程序或服务，进而造成计算机故障。

 任务实施

1．加电故障案例

（1）案例一。

问题描述：当内存没有插入 DIMM1 插槽时，开机后显示器无法显示内容，但计算机内的蜂鸣器不报警。

解决方案：经测试，当 DIMM1 插槽中无内存时，即使 DIMM2 插槽和 DIMM3 插槽都有内存，开机后显示器也无法显示内容。当 DIMM1 插槽中有内存时，不管 DIMM2 插槽和 DIMM3 插槽中是否有内存，开机总是正常。查询早期的周报得知，出现此问题的原因是，该计算机的所配备的集成显卡，其显存是共享物理内存的，而显存所要求的物理内存必须从插在 DIMM1 插槽中的内存中取得，当 DIMM1 插槽中无内存时，集成显卡无法从物理内存中取得显存，故用户开机后显示器无法显示内容。

（2）案例二。

问题描述：用户开机后，显示器无法显示内容，应如何解决？

解决方案：拆卸用户的计算机，发现该计算机附带了两块显卡，即一块集成显卡和一块独立显卡。有些用户对计算机不熟悉，将显示器的信号线缆接到了集成显卡的接口上，这样会导致开机后显示器无法显示内容，但此时的主机会正常工作。

2．启动/关闭故障案例

（1）案例一。

问题描述：某用户的计算机每次启动时均出现蓝屏现象，并提示 MEMORY ERROR。用户反映，之前安装过一条内存，于是便发生此故障。

解决方案：结合已掌握的信息可以得知，由于系统显示"内存错误"，考虑到操作系统对硬件的要求较高，而且故障是在加装内存后出现的，基本可以断定计算机的原装硬件和软件没有问题。因此，拆卸新添加的内存，重新启动计算机，并在开机时按 F8 键，进入"安全模式"，发现计算机能够正常启动，并且能正常登录用户账号。重新启动计算机，进入"标准模式"，至此，故障排除。

（2）案例二。

问题描述：某用户的计算机被植入了某恶意程序，导致每次启动计算机后均弹出一个对话框，且该对话框无法关闭，只能强制结束进程。特别说明，该用户的计算机有重要的程序，不愿意重新安装操作系统。

解决方案：先考虑病毒的可能性，使用常用的杀毒软件查杀该恶意程序，但发现无法处理。然后，换一种方式，执行"开始"→"运行"菜单命令，在弹出的"运行"对话框中输入"MSCONFIG"命令，弹出"系统配置"对话框，单击"启动"选项卡，发现无法找到该程序。最后，只能手动编辑注册表，在"运行"对话框中输入"REGEDIT"命令，打开"注册表编辑器"界面，在 HKEY_LOCAL_MACHINE\Software\Microsoft\Windows\CurrentVersion\RUN 路径下找到对应的程序，删除相应的键值后，重新启动计算机，至此，故障排除。

注意：建议用户在更改注册表前，使用注册表编辑器的"导出"功能对注册表进行备份。

3．磁盘故障案例

问题描述：某用户想更换计算机的光驱，由于原装的光驱已经不在保修期内，他便购买了新光驱。用户反映，他购买光驱时请商家进行了测试，光驱没有任何问题，测试用的数据光盘可以被正常读出。但是，用户回家安装了新光驱并启动计算机后，发现所有被放入光驱的光盘在系统识别时出现了问题，即驱动器的盘符只显示 CD 字样的标记。用户又返回商家，请商家将光驱安装到测试计算机中，问题复现。

解决方案：经过检查，发现在光驱的接口内，有一根数据线缆发生弯折，导致驱动器无法正常读取数据，故需要修复接口。

4．显示类故障案例

（1）案例一。

问题描述：某用户的计算机出现了故障，开机后，显示器经常无法显示内容。有时开机后一切正常，但使用 1~2 小时后便会出现死机现象，重新启动计算机后，显示器仍无法显示内容，只有关机后等待很长时间再开机，显示器才可以显示内容。

解决方案：遇到此类故障，先考虑硬件问题，拆卸机箱，查看各板卡是否出现松动现象，可以逐个检测配件。依次检测内存、CPU、电源等配件后，发现无法解决故障，再考虑主板问题，撕掉显卡与主板插槽之间的贴条（请注意，该贴条可能粘贴得比较紧），发现显卡没插到位，还能进一步向下插入，则可以判断故障的原因为显卡与主板接触不良。确认显卡及之前检测的配件都插到位，重新启动计算机，恢复正常。

后记：此案例的故障原因是显卡与主板接触不良，在故障诊断过程中由于疏漏（未对贴有贴条的配件进行检测），耽误了维修进度。

（2）案例二。

问题描述：某用户使用一台品牌台式机，每次启动计算机后都无法进入操作系统，光标在显示器屏幕的左上角闪烁，之后出现死机现象，但是在安全模式下，可以进入操作系统。

解决方案：先考虑显卡或显示器的设置参数有问题，在安全模式下，进入操作系统，将显示器的分辨率设置为"640×480"，颜色设置为"16 色"，重新启动计算机，可以进入操作系统。但是，再次修改显示器的分辨率或颜色，计算机仍会出现异常。再考虑主板和其他配件的问题，拆卸机箱，发现除用户添加的一块网卡外，其他配件均为品牌台式机的原装设备，所以考虑网卡与显卡发生了冲突。因此拔掉网卡，重新启动计算机，发现计算机能正常启动。最后，将网卡插入其他插槽，重新启动计算机，系统可以检测到新硬件，加载驱动后，计算机恢复正常。

后记：显卡与其他配件不兼容或冲突导致计算机出现死机现象。因此，先采用最小系统法对主要配件进行测试（即只保留主板、CPU、显卡、电源等），再逐一检测其他辅助配件。

（3）案例三。

故障描述：一台组装计算机正常运行，突然显示器出现黑屏现象，但是主机和键盘仍有反应。

解决方案：主机和键盘有反应，证明主机已经启动。经过检查，发现计算机在进入操作系统前，显示器正常显示，故考虑显示器的刷新频率超标，从而造成显示器无法显示内容。在安全模式下，进入操作系统，在"设备管理器"界面中删除显示器和显卡后，重新启动计算机，之后在正常模式下，进入操作系统，重新安装驱动程序，显示器恢复正常，故障排除。

5．安装类故障案例

（1）案例一。

问题描述：为一台组装机安装操作系统，在安装的过程中报错。

解决方案：先将操作系统的安装文件复制到磁盘中，再实施安装操作，发现仍旧报错，无法安装操作系统。换一张操作系统的安装光盘，实施安装操作，故障依旧。检查 BIOS 的设置参数，发现系统日期为 2075 年 1 月 1 日，故将系统日期改为当前日期，故障排除。

后记：系统日期有误，问题虽小，影响却大。

（2）案例二。

问题描述：某用户使用某品牌的计算机，在运行过程中突然出现死机现象，用户想重新启动计算机，但多次尝试均未成功。用户尝试重装操作系统，操作成功，但在"设备管理器"界面中发现很多设备前的小图标有问号。

解决方案：将计算机运至品牌计算机的指定维修站，请专业的服务人员重装操作系统和各种驱动程序，发现故障没有排除，则考虑主板有异常。拆卸机箱，发现机箱内灰尘很多，取出主板，进行全面清理，清理完毕后，组装计算机，重装操作系统，计算机恢复正常。

后记：据了解，用户家中的灰尘较多，用户也不及时清理计算机，由此引发了上述故障。

注意：在阴雨天长时间使用计算机，易造成主板 I/O 控制芯片的针脚之间出现微弱的电势差，严重时可能烧毁芯片。

（3）案例三。

问题描述：某用户的计算机不能重装操作系统，每次重装操作系统时都会出现死机现象。

解决方案：经检测，重装操作系统时，硬件无反应。打开机箱后，发现 CPU 风扇的转速很慢。依次更换磁盘和内存，故障并未排除。手测风扇散热片的温度，觉察其温度较高，考虑 CPU 风扇有问题，故更换 CPU 风扇，故障排除。

后记：CPU 对散热条件要求较高，本案例的故障是由 CPU 风扇转速不够引起的，CPU 风扇转速不够会导致 CPU 散热不充分，从而出现了死机现象。

6．接口与外设故障案例

（1）案例一。

问题描述：一台组装机的机箱前置 USB 接口出现故障，设备通过 USB 接口连接到计算机后均无法使用，即使为计算机重装操作系统也无济于事。

解决方案：在"设备管理器"界面中查看 USB 接口的状态，发现当前状态正常，说明主板 BIOS 已经开启了 USB 控制器。因为重装操作系统无效，所以对系统软件进行检查。经检查，没有发现特殊的 USB 控制软件，并且系统也能检测到插入的设备，但是，设备与计算机进行数据传输时出现错误。在拔插各种 USB 设备的过程中，能感觉到明显的静电反应，故怀疑机箱的前置 USB 接口带静电，遂将主板与前置 USB 接口的连接线缆拔下，主板上剩余的集成 USB 接口可用。

（2）案例二。

问题描述：某用户使用某品牌计算机浏览网页时，刷新网页后，屏幕偶尔会出现持续刷新的现象，特别是在按 F5 键的时候最严重。

解决方案：检查已安装的软件，没有发现有特殊的控制软件，故重启动计算机，发现 CMOS 提示键盘错误。关机后，拔下键盘的连接线缆，重新插入主板的接口，启动计算机，可以正常进入操作系统，打开部分软件进行操作，故障没有再现。于是，让用户打开浏览器浏览并刷新网页，用户按 F5 键后，浏览器就不停地重复刷新该网页，由此可以判断 F5 键被卡，将 F5 键撬下并重新安装，故障排除。

7．局域网类故障案例

（1）案例一。

问题描述：网卡不工作，指示灯状态不正确。

解决方案：先打开"设备管理器"界面，查看是否存在该网卡，若没有该网卡，则更换网卡或重新拔插网卡，并观察金手指部分有没有锈迹。若有锈迹，则用橡皮擦清理干净。

（2）案例二。

问题描述：在一个局域网内，只有几台计算机能连接网络，大部分计算机不能连接网络，也无法相互访问。交换机的端口状态灯闪烁，网线接口灯常亮。

解决方案：遇到这种故障，应从软件和硬件两个方面进行分析。

从软件方面分析。先用最新版的杀毒软件对系统和网络环境进行查杀，没有发现任何病毒，从而排除了病毒干扰的可能性。再考虑网络设置的问题，局域网使用的 NetBEUI 协议、IPX/SPX 协议和 TCP/IP 协议，均设置成功；各计算机的网卡驱动程序也安装无误，并与协议进行了绑定，在"设备管理器"界面中，没有发现任何冲突现象。此外，还设置了文件共享与打印机共享，以及工作组名称和计算机名称。可以说，从网络协议到资源共享，所有设置均无异常，可以排除软件方面的故障。

从硬件方面分析。可能有四种原因：第一，可能是网线断裂，无法形成信号回路；第二，可能是网线的线序有误；第三，可能是交换机与计算机连接的网线过长（如超过 100 米）；第四，可能是交换机的接口有问题。针对这四种原因，逐项检测。使用测线工具或万用表测量网线，发现网线的连接状况良好，没有断裂。通过目测，发现网线的长度不可能超过 100 米。将已连接网络的几台计算机的网线从交换机的接口上拔下，插入疑似损坏的交换机的接口上，发现这几台计算机仍然可以相互访问，说明交换机的接口没有损坏。

检查网线的线序，打开网线的水晶头，发现线序是 1、2、3、4，问题的根源已找到。因为RJ45 水晶头的正确线序为 1、2、3、6，其中，1、2 是一对线，3、6 是一对线，其余四根线没有定义。因此，只要为用户重新制作 RJ45 水晶头，即可排除故障。

（3）案例三。

问题描述：用户使用计算机时，在"网上邻居"界面中，只能看到自己的计算机，看不到局域网中的其他计算机，从而无法使用其他计算机的共享资源和共享打印机。

解决方案：使用 ping 命令，ping 本地的 IP 地址或主机名，检查网卡是否安装正确，网络协议是否设置成功。如果能 ping 通本地的 IP 地址或主机名，则说明该计算机的网卡安装无误，网络协议设置无误。故障的原因可能是计算机网络连接问题。因此，检查网线和交换机，以及交换机的接口状态，如果无法 ping 通，则说明 TCP/IP 协议有问题。重新设置网络协议，必须保证局域网内的计算机使用同一种网络协议。

8. 误操作和应用类故障案例

问题描述：某用户开机后，发现系统桌面不显示图标，也调不出"任务管理器"界面。特别说明，用户在该计算机中安装了重要的软件，不愿意重装操作系统。

解决方案：经检测，发现只有"开始"菜单可以使用。推断有病毒入侵计算机，将磁盘装到其他计算机中进行检测，没有发现任何问题。用户反馈，前几天安装了系统优化软件，并优化了系统服务，重启计算机后就出现了当前故障。因此，在"开始"菜单中，输入"服务"并按 Enter 键，打开"服务"界面，可以看到大部分服务都没有启动，遂依次启动各项服务，故障排除。

任务拓展

1. POST 主板故障诊断卡中灯的含义

12V、3.3V、5V、-12V 电压灯亮表示电源的输出电压正常；时钟灯亮表示主板的时钟信号正常；RUN 灯亮表示主板运行正常；RESET 灯在按下复位键时才会亮。数码管显示的数字表示各种故障代码，不同类型的 POST 卡，其故障代码有所不同，请查阅相关说明书。

2．BIOS 常见的错误提示

（1）Bad CMOS Battery：主机内的 CMOS 电池电力不足。

解决方法：更换 CMOS 电池。

（2）Cache Controller Error：Cache Memory 控制器损坏。

（3）Cache Memory Error：Cache Memory 运行错误。

（4）CMOS Checks UM Error：CMOS RAM 出错，请重新执行 CMOS Setup 程序。检测 CMOS RAM，查明故障的原因是出自其内部还是来自其他因素。如果无法存储 CMOS 设置参数，则检测 CMOS 跳线是否存在故障。

解决方法：把跳线还原，或者更换电池。

（5）Diskette Drive Controller Error：磁盘驱动控制器错误。引发故障的原因有以下五种。

①软盘驱动器未与电源连接。解决方法是接好软盘驱动器的电源连接线缆。

②软盘驱动器的信号线缆与 I/O 接口连接不正确。

③软盘驱动器损坏。

④多功能卡损坏。

⑤CMOS 中的软盘驱动器的参数设置有误。

（6）BIOS ROM checksum error - System halted：BIOS 信息在进行总和检查时发现错误，导致系统中断。

原因：主板的 BIOS 芯片中的代码在校验时发现了错误，或者 BIOS 芯片（也可能是其中的内容）损坏了。

解决方法：必须改写 BIOS 中的内容，或者更换新的 BIOS 芯片

（7）Display switch is set incorrectly：显示开关未正确设置。

原因：主板上显示开关的设置情况与实际的显示器类型不匹配。

解决方法：有些计算机的主板设有显示开关，以便用户选装单色显示器或彩色显示器。因此，需要用户先确认显示器的类型，然后关闭系统，最后连接相应的跳线。如果主板没有显示开关，则应该进入 CMOS 设置页面，修改对应的参数，以适应显示器的类型。

（8）Press Esc to skip memory test：按 Esc 键跳过内存检测。

原因：计算机在每次冷启动时，都要检测内存。

解决方法：如果我们不希望系统检测内存，就可以按 Esc 键跳过这一步。

（9）Floppy disk(s) fail：无法驱动软盘驱动器。

原因：软盘驱动器出错。

解决方法：启动计算机时，如果软盘控制器或软盘驱动器没有被找到，或者不能被正确地初始化，则系统会出现上述提示。此时，检查软盘控制器是否安装正确，如果软盘控制器被正确安装到主板上，那么还应该检查 CMOS 中有关软盘控制器的选项是否处于"Enabled"状态。如果计算机没有安装软盘驱动器，则检查 CMOS 中有关软盘驱动器的选项是否处于"None"状态。

（10）Hard disk install failure：磁盘安装失败。

原因：启动计算机时，如果磁盘控制器或磁盘没有被找到，或者不能正确地初始化，则会给出上述提示。

解决方法：检查磁盘控制器是否正确安装，如果磁盘控制器被正确安装到主板上，那么还应该检查 CMOS 中有关磁盘控制器的选项是否处于"Enabled"状态。如果计算机没有安装磁盘，则检查 CMOS 中有关磁盘驱动器的选项是否处于"None"状态或"Auto"状态。

（11）Keyboard error or no keyboard present：键盘错误或没有安装键盘。

原因：启动计算机时，如果系统无法初始化键盘，则会给出上述提示。

解决方法：检查键盘和计算机的连接方式是否正确，并回想启动计算机时是否误按了某些按键。如果想把计算机设置为不带键盘工作，则可以在 CMOS 中将"Halt On"选项设置为"Halt On All,But Keyboard"；设置完成后，启动计算机时，该错误将会被忽略。

（12）Keyboard is locked out-Unlock the key：键盘被锁定，按解锁键即可。

原因：启动计算机时，如果有一个或多个按键被按下，则会给出上述提示。

解决方法：检查是否有物品放在键盘上面，并移除物品。

（13）Memory test fail：内存检测失败。

原因：启动计算机时，系统会对内存进行检测，如果在检测的过程中发现错误，则会给出上述提示。

解决方法：可能需要更换内存。

（14）Override enabled-Defaults loaded：当前 CMOS 设置无法启动系统，将载入 BIOS 中的预设值来启动系统。

原因：启动计算机时，如果在当前的 CMOS 设置下，系统不能正常启动，则会给出上述提示。

解决方法：BIOS 将自动调用默认的 CMOS 设置启动系统。

说明：系统默认的 CMOS 设置运行最稳定，但"表现"最保守。）

（15）Primary master hard disk fail：第一个 IDE 接口上的主磁盘出错。

原因：启动计算机时，如果检测到第一个 IDE 接口上的主磁盘出错，则会给出上述提示。

解决方法：检查磁盘的数据线缆、电源线缆和磁盘的跳线。

3．引导操作系统时的错误提示

BIOS 自检完成，将引导工作交给操作系统，此时如果遇到错误，则也会影响计算机的正常启动。常见的错误信息如下。

（1）Cache Memory Bad,Do not enable Cache：高速缓存已损坏，当前无法使用。

原因：BIOS 发现主板上的高速缓存已损坏。

解决方法：请用户联系厂商的客服人员。

（2）Memorx paritx error detected：存储器奇偶校验错误。

原因：存储器系统存在故障。

解决方法：方法一，对计算机进行检测，查看是否混用了不同类型的内存（如带奇偶校验的内存和不带奇偶校验的内存），如果有不同类型的内存，则只保留一种类型的内存，重启计算机。方法二，在 BIOS 设置的 Advanced BIOS Features（高级 BIOS 特征）选项中，将 Quick Power On Self Test（快速上电自检）选项设置为 Disabled（禁止），启动计算机时，系统将对内存进行三次逐位测试，可以初步判断内存是否存在故障。方法三，如果方法一和方法二无法解决故障，则在 BIOS 设置的 Advanced Chipset Features（高级芯片组特征）选项中将内存（SDRAM）速度设置得慢一些，以排除内存速度跟不上系统总线速度的故障。方法四，如果 CPU 中 Cache 的性能下降，则同样会导致此故障，在 BIOS 设置的 Advanced BIOS Features 选项中，关闭与 Cache 相关的选项，如果是 Cache 导致的故障，则为 CPU 做好散热措施，否则，只能将 CPU 降频使用。

（3）Error:Unable to Control A20 Line。

原因：内存与主板插槽接触不良、内存控制器出现故障。

解决方法：请确认内存与主板插槽接触良好，若有问题，则需更换内存。

（4）Memory Allocation Error：内存分配出错。

原因：在系统配置文件 config.sys 中，没有使用 himem.sys、emm386.exe 等内存管理文件，或者设置不当。导致系统仅能使用 640KB 基本内存，运行稍大一些的程序便出现提示信息"Out of Memory"（内存不足）。

解决方法：上述问题属于软件故障，编写好系统配置文件 config.sys 后，重启计算机即可。

（5）C:drive failure run setup utility press(f1) to resume。

原因：磁盘参数设置不正确。

解决方法：可以用软盘引导磁盘，但要重新设置磁盘参数。

拓展阅读资料

计算机的常见故障及维修技巧

拓展阅读资料

主板的故障及维修技巧

拓展阅读资料

剖析计算机出现死机现象的原因

拓展阅读资料

计算机电源的维修方法

项目实训　计算机故障诊断与修复

 项目描述

很多用户对新计算机都比较爱护，但使用几年后，不少用户面对布满灰尘的机箱和陈旧粗糙的键盘，逐渐失去了往日的新鲜感。

养成良好的计算机使用和维护习惯，不但可以延长计算机的使用寿命，还可以促使用户创造良好的计算机工作环境，进而提高工作效率。

此外，作为计算机维护人员，应了解计算机维护的重要性和基本常识，并掌握常用的计算机故障处理方法，同时，还要建立正确的维修思路和良好的操作习惯。

计算机故障的种类有很多，处理故障时，应判断所遇到的故障是软件故障还是硬件故障，根据实际情况，制订维修方案。

熟能生巧、见多识广。动手实践是独立处理计算机故障的重要环节，只有对各种型号的计算机了如指掌，才能快速而有效地确定故障的原因。

请读者了解主流计算机的硬件配置和常见故障，并尝试处理常见的计算机故障。

 项目要求

（1）通过互联网，了解当前主流计算机的硬件配置。

（2）通过互联网，了解不同的计算机故障案例，并进行记录。

（3）请尝试组装一台达到主流配置要求的计算机，注意其线缆的连接方式和板卡的安装步骤。

（4）对计算机进行软件检测，检测范围包括 CPU、内存、磁盘、显卡等。

 项目提示

本项目涉及多种计算机硬件及常见的计算机故障。作为一名计算机维护人员，必须了解计算机硬件的特点、工作环境和检测方法，在此基础上，熟练掌握常见的计算机故障处理方法，并要做到举一反三。

 项目实施

本项目可在有网络条件的计算机实训室进行，采用 3 人一组的方式进行操作，每组的任务自由分配，项目实施时间为 60 分。

通过实施本项目，可巩固学生所学的知识和技能，促进学生将知识点融会贯通，加强学生的团队协作能力，培养学生的职业素养，提高学生的职业技能水平。

项目评价

项目实训评价表

	内　　容	评　　价		
	知识和技能目标	3	2	1
职业能力	了解常见的计算机故障			
	了解计算机故障的检测工具			
	掌握计算机故障的检测思路			
	掌握计算机故障的检测方法			
	掌握计算机故障的检测工具			
通用能力	语言表达能力			
	组织合作能力			
	解决问题能力			
	自主学习能力			
	创新思维能力			
综合评价				